BOSCH

Gerhard Henneberger

Elektrische Motorausrüstung

Starter, Generator, Batterie
und ihr Zusammenwirken im Kfz-Bordnetz

vieweg

Der Verlag Vieweg ist ein Unternehmen der Verlagsgruppe Bertelsmann International.

ISBN-13: 978-3-528-04764-1 e-ISBN-13: 978-3-322-84365-4
DOI: 10.1007/978-3-322-84365-4

Vorwort

Starter, Generator, Batterie und ihrem Zusammenwirken im Kraftfahrzeug kommen für einen funktionsgerechten und sicheren Fahrzeugbetrieb eine große Bedeutung zu. Das vorliegende Buch bietet einen fachlich fundierten Einstieg in das Gebiet der elektrischen Ausrüstung von Kraftfahrzeugmotoren. Neben einem Überblick über Aufgabe und Funktion der jeweiligen Elemente werden die theoretischen Grundlagen und mathematischen Zusammenhänge dargestellt und Entwicklungstendenzen angegeben.

Als Schwerpunkte werden

- Starter,
- Generator mit Regler,
- Batterie und Bordnetzauslegung

behandelt.

Aufbauend auf theoretischen Grundlagen wird die Applikation im Kraftfahrzeug gezeigt. Zur vollständigen Behandlung des Gebietes wird bei Starter, Generator und Batterie von den Kennlinien und deren Problematik ausgegangen, dann werden die technischen Anforderungen und Realisierungsmöglichkeiten diskutiert, und es wird gezeigt, wie man durch intensive Entwicklungsarbeit zu neuen und besseren Erzeugnissen kommt. Das Zusammenwirken von Starter, Generator und Batterie im Kraftfahrzeugbordnetz wird unter dem Gesichtspunkt der Systemoptimierung betrachtet. Die Zielsetzung heißt: leichter, leistungsstärker und langlebiger.

Angesprochen werden soll der KFZ-Elektrikmeister, Studenten an FH und TH und der Ingenieur in der Praxis. Dem Fachmann soll das Buch als zusammenfassende Darstellung nützen.

Das Buch ist entstanden aufgrund praktischer Erfahrung im Rahmen meiner 10-jährigen Tätigkeit als Entwicklungsleiter im Geschäftsbereich Motorenausrüstung der Bosch GmbH.

Aachen, im März 1990

G. Henneberger

Inhalt

Überblick

Allgemeines

Der Generator im Kraftfahrzeug hat die Aufgabe, den Energiebedarf der elektrischen Verbraucher zu decken und die Batterie nachzuladen (Bild 1). Der Regler sorgt trotz variabler Drehzahl und Last für eine konstante Bordnetzspannung. Die Batterie speichert die vom Generator erzeugte elektrische Energie und gibt sie nach Bedarf wieder an die Verbraucher ab. Der leistungsstärkste Verbraucher ist der Starter.

Das Zusammenwirken von Generator inklusive Regler, Batterie und Starter ist daher von entscheidender Bedeutung, wenn es um Auslegung und Optimierung der elektrischen Anlage geht.

Die nachfolgenden Erläuterungen gelten für eine Pkw-Anlage. Diese können im wesentlichen auch auf Lkw und Busse übertragen werden. Auf eventuell abweichende oder ergänzende Kriterien wird an geeigneter Stelle in Text und Darstellung eingegangen.

Startgrenztemperatur

Die tiefste Temperatur, bei der der Motor noch gestartet werden kann (Bild 2a), ist abhängig von:

– Kälteprüfstrom, Kapazität, Ladezustand und Temperatur der Batterie,
– Startergröße und Starterkennlinie,
– Durchdrehwiderstand und Ölviskosität des Motors.

Primär maßgebend für den Start ist der absolute Energieinhalt der Batterie, der durch die Kapazität und den Ladezustand beschrieben wird.

Soll der Motor bei z.B. –20°C noch gestartet werden können, so muß je nach Batteriekapazität ein Mindestladezustand p vorhanden sein, d.h. je kleiner die Batterie, desto besser muß ihr Ladezustand sein.

Bild 1: Kfz-Bordnetz.

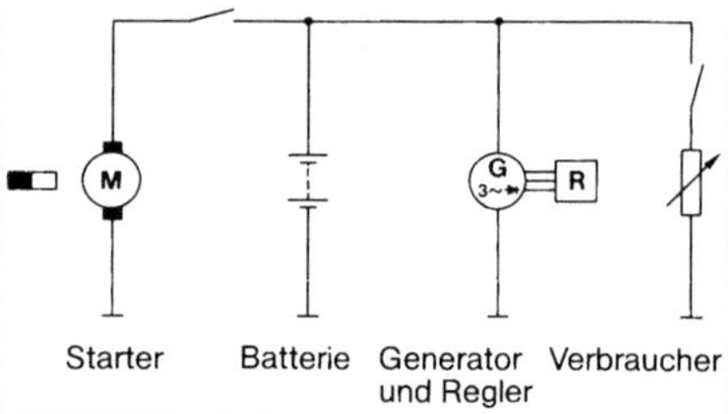

Generatorstromabgabe

Die Stromabgabe des Generators ist stark drehzahlabhängig (Bild 2b). Bei Motorleerlaufdrehzahl gibt der Generator nur einen Teil seines Nennstromes ab.

Ist der Verbraucherstrom bei Motorleerlauf größer als der Generatorstrom, so wird die Batterie entladen, und das Spannungsniveau im Bordnetz sinkt.

Umgekehrt ist bei höheren Drehzahlen der Generatorstrom im allgemeinen größer als der Verbraucherstrom; dann wird die Batterie geladen, und die Bordnetzspannung erreicht ihren Nennwert und wird vom Regler begrenzt.

Fahrbetrieb

Die Generatordrehzahl hängt vom Einsatz des Fahrzeuges ab (Bild 2c). Eine Summenhäufigkeitsdarstellung der Drehzahl zeigt, wie häufig bestimmte Drehzahlen beim Einsatz des Fahrzeuges erreicht bzw. überschritten werden.

Ein Pkw hat im Stadtverkehr einen hohen Anteil Motorleerlauf, bedingt durch Staus oder Stops an der Ampel. Bei Überlandfahrten und auf Autobahnen liegt das Drehzahlniveau deutlich

höher, und der Leerlaufanteil ist in der Regel klein.
Omnibusse im Linienverkehr haben, bedingt durch die Haltestellen, einen sehr großen Leerlaufanteil.

Ladespannung

Die Batterieladespannung sollte mit Rücksicht auf die chemischen Vorgänge in der Batterie bei Kälte höher, bei Wärme niedriger sein (Bild 2d). Die Ladespannung der Batterie sollte generell unter der Gasungsspannung liegen. Verbraucher benötigen aber eine möglichst konstante Spannung. Insbesondere für Glühlampen muß die Spannung sehr eng toleriert sein, damit Lebensdauer und Lichtstrom innerhalb vorgegebener Grenzen liegen.
Die Einstellung des Reglers, der das Spannungsniveau nach oben begrenzt, kann deshalb nur ein Kompromiß sein.

Bild 2: Einflüsse auf das Bordnetz.
a) Mögliche Starttemperatur in Abhängigkeit vom Batterie-Ladezustand, p Mindestladezustand, b) Generatorstromabgabe I_G in Abhängigkeit von der Generatordrehzahl, I_V Verbraucherstrom, n_L Motorleerlaufdrehzahl, c) Summenhäufigkeit der Motordrehzahl bei Stadt- und Autobahnfahrt, d) Spannung im Bordnetz.

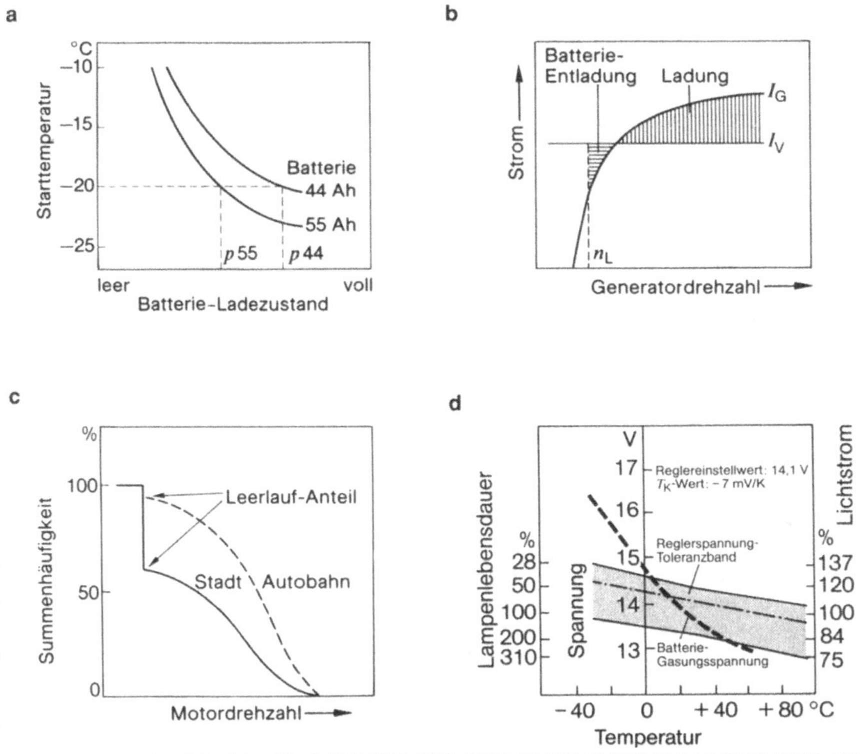

Verbraucherleistungen

Die elektrischen Verbraucher im Kraftfahrzeug haben unterschiedliche Einschaltdauern (Bild 3). Man unterscheidet zwischen Dauerverbrauchern (Zündung, Kraftstoffeinspritzung usw.), Langzeitverbrauchern (Beleuchtung, Radio usw.) und Kurzzeitverbrauchern (Signalleuchten, Heizung, Lüftung, Wischer, Hilfsantriebe usw.).

Die Benutzung mancher elektrischer Verbraucher ist auch stark von der Jahreszeit abhängig (Lüftung und Klimaanlage im Sommer, Beleuchtung und Heizung im Winter). Die Einschalthäufigkeit anderer elektrischer Verbraucher ist witterungsbedingt oder fahrbetriebsabhängig (Kühlerventilator, Wischer).

Die Zusammenstellung des Leistungsbedarfs der Stromverbraucher im Kraftfahrzeug gibt einen guten Überblick für Pkw. Bei Nkw entfällt der Bereich Zündung und Benzineinspritzung. Dafür kommen aber z.B. bei Omnibussen zusätzliche Innenbeleuchtung und Gebläse hinzu.

Zielsetzung

Die elektrische Energieversorgung ist so auszulegen, daß

– das Kraftfahrzeug jederzeit innerhalb vorgegebener Grenzen gestartet werden kann,

– während des Betriebes ausreichende Stromversorgung und Batterieladung vorhanden ist,

– auch im abgestellten Zustand elektrische Verbraucher noch eine angemessene Zeit betrieben werden können.

Um dieses Ziel zu erreichen, sind für jeden Fahrzeugtyp Starter, Generator inklusive Regler und Batterie auf das Bordnetz abzustimmen.

Die Kriterien hierfür betreffen in erster Linie

– die Funktion und Betriebssicherheit, d.h. die Startfähigkeit und Ladebilanz des Fahrzeuges.

Weitere Kriterien sind:

– das Gewicht, das sich auf die Kosten auswirkt,

– die Baugröße, die an das immer geringer werdende Platzangebot im Motorraum angepaßt werden muß,

– der Wirkungsgrad, der den Kraftstoffbedarf beeinflußt.

Hilfsmittel bei der Systemoptimierung sind:

1. Rechenprogramme für
– Ladebilanzuntersuchungen,
– Ermittlung der Kaltstartgrenztemperatur.

2. Neuentwicklung von Komponenten,
– Permanentmagnet- und Vorgelegestarter.
– leistungsgesteigerte Generatoren,
– Regler mit Zusatzfunktionen,
– wartungsfreie Hochleistungsbatterien.

Bild 3: Leistungsbedarf der Stromverbraucher im Kfz.

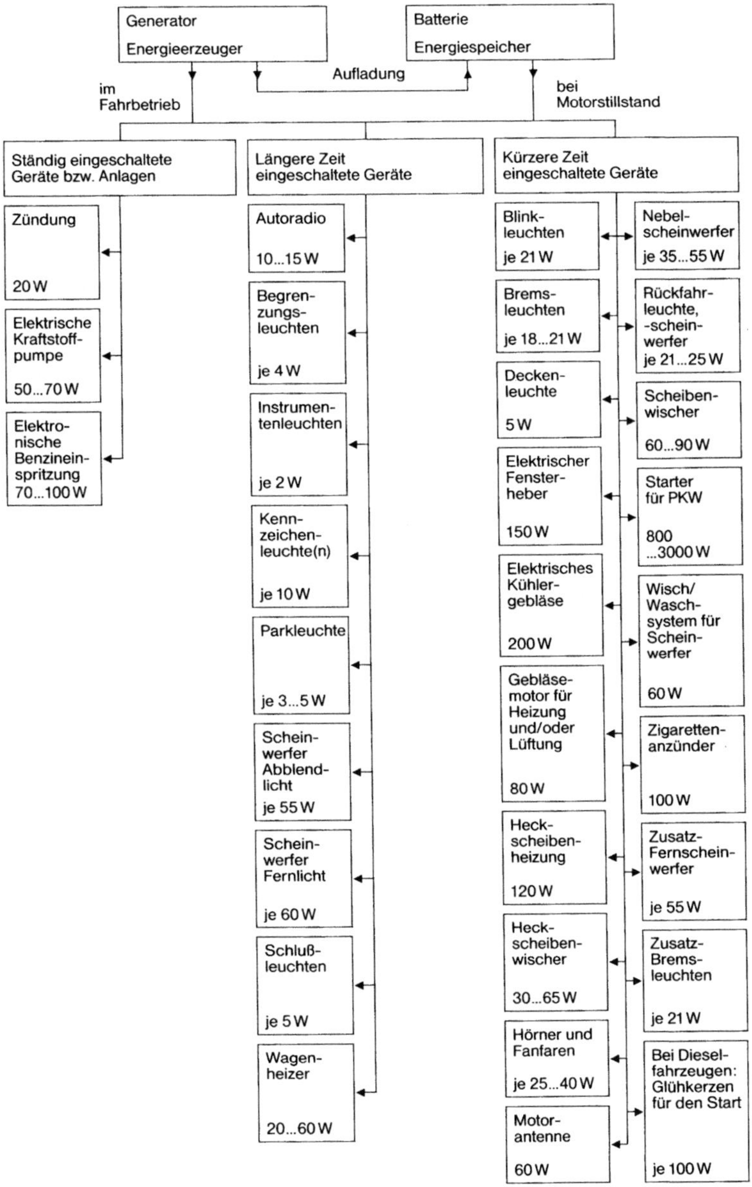

Starter

Aufbau und Funktion

Ein Starter besteht aus den Baugruppen (Bild 4)

- Gleichstrommotor,
- Freilauf mit Ritzel,
- Einspursystem,
- eventuell Vorgelege.

Zu Beginn des Startvorgangs wird das Ritzel mit Hilfe des Einrückmagneten in den Zahnkranz eingespurt. Dann wird der Verbrennungsmotor bis zum Zünden durchgedreht. Nach dem Anspringen kann der Verbrennungsmotor schnell auf hohe Drehzahlen beschleunigen. Ein Rollen-Freilauf hebt den Kraftschluß zwischen Ritzel und Anker auf, bis das Ritzel wieder ausgespurt ist und verhindert so die Zerstörung des Ankers durch Fliehkräfte.

Bisher wurden nur Gleichstrom-Reihenschlußmotoren verwendet, weil sie ein hohes Anzugsmoment zum "Losbrechen" des Verbrennungsmotors und eine hohe Leerlaufdrehzahl zur "Hochlaufunterstützung" haben.

Der heute erreichte Stand der Magnettechnologie erlaubt jedoch auch den Einsatz von Permanentmagneten bei Startern im Leistungsbereich <2 kW für Pkw. Aus Kostengründen kommen für Großserienerzeugnisse, wie es Starter sind, aber nur Ferritmagnete in Betracht.

Ein eventuell zusätzliches starterinternes Vorgelege, das häufig als Planetengetriebe ausgeführt ist, ermöglicht die Verwendung eines schnellaufenden, leichten Elektromotors. Wegen dieses internen Getriebes spricht man hier von Vorgelegestartern.

Bild 4: Vorgelegestarter mit Permanentfeld.

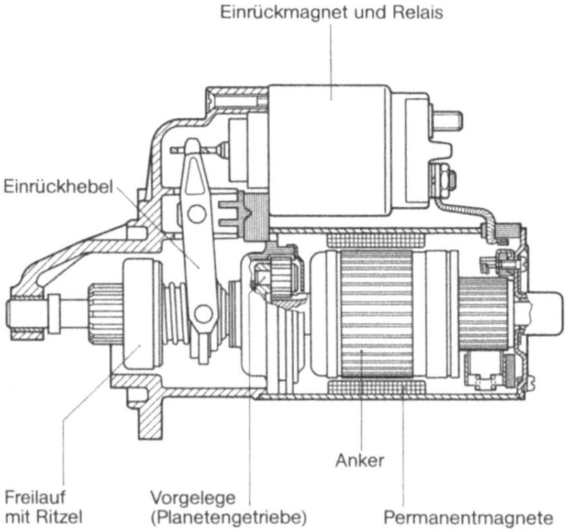

Bei Pkw- und den kleineren Nkw-Startern mit elektrisch einstufigem Schubschraubtrieb wird der Freilauf als Rollen-Außenkeil-Freilauf ausgeführt. Bei größeren Nkw-Startern mit elektrisch oder mechanisch zweistufiger Einspurung wird eine Lamellen- oder Stirnzahnkupplung als Freilauf verwendet.

Der Anbau des Starters am Verbrennungsmotor erfolgt über Flanschanschraubung, der Eingriff geschieht mit dem Ritzel über den Zahnkranz am Schwungrad.

Die äußeren Einflüsse können sehr ungünstig sein:
- Hohe Schwingbeschleunigung (50...60 g),
- hohe Temperaturen (Auspuffnähe 150 °C...180 °C),
- Korrosion (Wasser, Schmutz, Öl, Salz).

Fallweise gelangen deshalb Starter zum Einsatz, die für erschwerte Einsatzbedingungen angepaßte Bauteile erhalten (Heavy-Duty-Ausführung).

Kennlinien , Auslegungskriterien

Für den Kaltstart werden bei Otto-Motoren Drehzahlen von 60...100 min^{-1} und bei Dieselmotoren Drehzahlen von 80...150 min^{-1} benötigt.

Das Durchdrehmoment und die erforderliche Startdrehzahl hängen ab von Verbrennungsverfahren (Diesel, Otto), Motortyp, Hubraum, Zylinderzahl, Kompression, Lagerreibung, Gemischaufbereitung, Zündsystem, Motoröl und Temperatur.

Mit sinkenden Temperaturen steigen das Motordurchdrehmoment (Bild 5a) und die erforderliche Startdrehzahl, d.h. es wird zunehmende Startleistung be-

Bild 5: Einfluß der Temperatur auf den Startvorgang.
a) Motordurchdrehmoment $M_{Mot.}$ als Funktion der Temperatur ϑ, b) Widerstände R als Funktion der Temperatur ϑ, c) Kennlinien von Drehmoment M, Drehzahl n und Leistung P in Ahängigkeit vom Strom I, d) Drehzahl n in Abhängigkeit von der Temperatur ϑ.

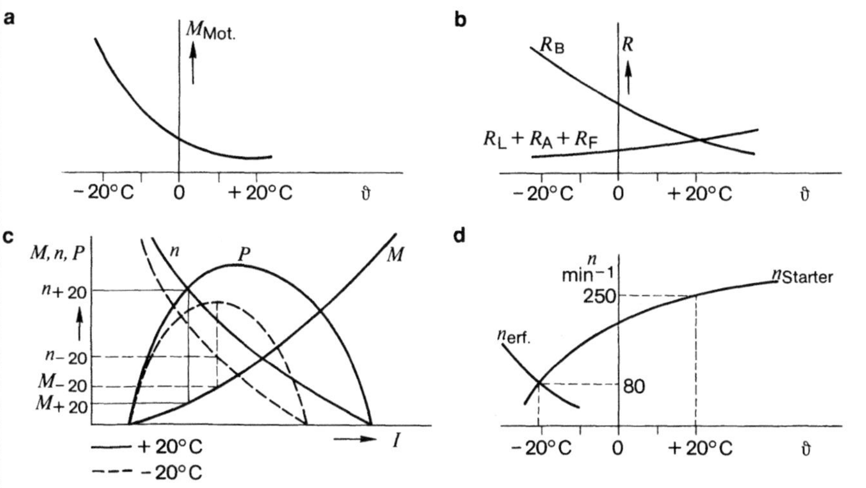

nötigt. Gleichzeitig steigt der Innenwiderstand der Batterie (Bild 5b). Damit sinkt der Entladestrom und somit die der Batterie entnehmbare Leistung (Bild 5c). Startleistung bzw. Startdrehzahl sind daher – leider umgekehrt wie benötigt – bei Warmstart hoch und bei Kaltstart niedrig (Bild 5d). Wichtigstes Kriterium für die Starterauslegung ist daher der Kaltstart.

Im Ersatzschaltbild sind Batterie, Zuleitung, Anker und Feld sowie die Bürsten dargestellt (Bild 6).

Aus der Spannungsgleichung folgt unter Abzug der Eisen- und Reibungsverluste die abgegebene Leistung.

Drehmoment und Drehzahl werden nach den bekannten Gleichungen berechnet. Der Zusammenhang zwischen Fluß und Erregerdurchflutung ergibt sich aus der Berechnung des magnetischen Kreises. Bei Permanentmagneterregung ist der Fluß konstant und wird bestimmt durch den Arbeitspunkt des Magneten. Bei elektrischer Erregung durch eine Reihenschlußwicklung ist der Fluß vom Ankerstrom direkt abhängig. Der nichtlineare Zusammenhang wird durch die Leerlaufkennlinie beschrieben. Der Verlauf von Drehzahl, Drehmoment und Leistung bei elektrischer und Permanenterregung ist im Bild gegenübergestellt.

Die maximale entnehmbare Kaltstartleistung ergibt sich durch Differenzieren der Gleichung für die Leistung nach I und Nullsetzen der Ableitung. Der Punkt der maximalen Leistung bei – 20 °C ist als Nennpunkt definiert. Der Nennstrom ist etwa gleich dem halben Kurzschlußstrom.

Bild 6: Starterauslegung.

U Batterieleerlaufspannung
R_B Batteriewiderstand
R_L Zuleitungswiderstand
R_A Ankerwiderstand
R_F Feldwiderstand
$\Delta U_{BÜ}$ Bürstenspannungsabfall
V_R, V_{Fe} Reibungs- und Eisenverluste

Gleichungen

$$U = I \cdot (R_B + R_L + R_A + R_F) + \Delta U_{BÜ} + U_i$$

$$P_{mech} = U_i \cdot I - \Sigma V$$

$$P_{mech} = (U - I \cdot \Sigma R - \Delta U_{BÜ}) \cdot I - (V_R + V_{Fe})$$

$$M = \frac{K_1 \cdot \Phi}{2\pi} I - M_R$$

$$n = \frac{U - \Delta U_{BÜ} - I \cdot \Sigma R}{K_1 \cdot \Phi}$$

Maximalleistung ($\vartheta = -20°C$)

$$P_{max} = \frac{1}{4} \frac{(U - \Delta U_{BÜ})^2}{R_B + R_L + R_A + R_F} - (V_R + V_{Fe})$$

Auslegungskriterien

ΣR, $\Delta U_{BÜ}$, $(V_{Fe} + V_R)$ klein

möglichst Reihenschlußcharakteristik

Ersatzschaltbild

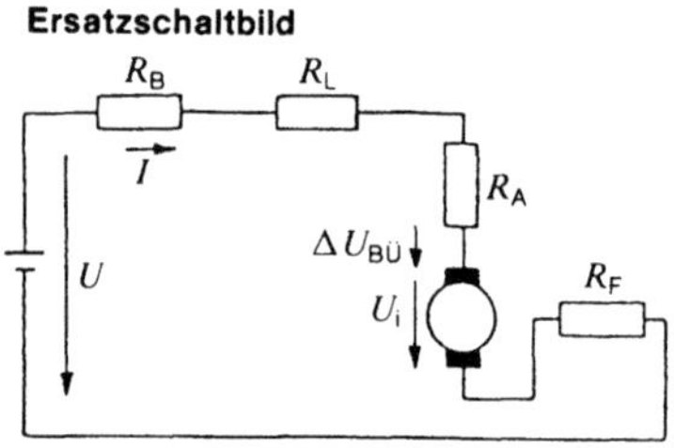

Kennlinien ($\vartheta = -20°C$)

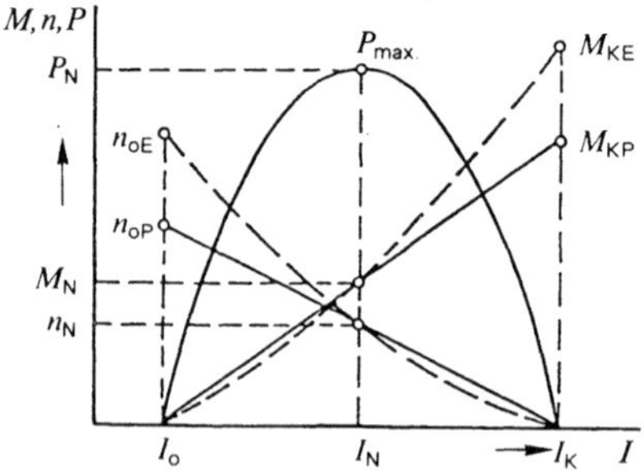

E elektr. Err. $\Phi = f(I)$
P perm. Err. $\Phi = const.$

Die maximal entnehmbare Kaltstartleistung ist also umgekehrt proportional der Summe aller Widerstände in der Startanlage. Um eine hohe Kaltstartleistung zu erreichen, müssen daher die Widerstände von Batterie, Zuleitung und Starter, der Bürstenspannungsabfall sowie die Eisen- und Reibungsverluste so klein wie möglich gehalten werden.
Daraus ergeben sich folgende Auslegungskriterien:
Batteriewiderstand klein → Kaltstarthochleistungsbatterie,
Zuleitungswiderstand klein → großer Leitungsquerschnitt der Startkabel,
Ankerwiderstand klein → wenig Ankerleiter → kleines Drehmoment → hohe Drehzahl → Vorgelege,
Feldwiderstand klein → Weglassen → Permanentmagnete → Nebenschlußverhalten → Flußleitstücke → Reihenschlußverhalten,
Bürstenspannungsabfall klein → hoher Kupferanteil → schlechte Kommutierung → 2-Komponentenbürsten,
Gewicht klein → Vorgelege.
Beim Ersatz der elektrischen Erregung durch Permanenterregung müssen Drehzahl und Drehmoment im Nennpunkt gleich sein. Dann sind aber das Kurzschlußmoment und die Leerlaufdrehzahl bei Permanenterregung kleiner als bei elektrischer Erregung. Dies hat unter Umständen negative Auswirkungen auf das Losbrechmoment bei Kaltstart und die Hochlaufunterstützung bei Kalt- und Warmstart.
Um diesen Nachteil zu beseitigen und den Starter auch für Boosterbetrieb ausreichend entmagnetisierungsfest zu machen, sind einige Kunstgriffe notwendig, die nachfolgend erläutert werden.

Vorgelege
Gewichts- und Bauraumreduzierungen des Starters ergeben sich, wenn die Startleistung mit gesteigerter Ankerdrehzahl, aber kleinerem Ankerdrehmoment entsteht, denn das Ankervolumen ist dem Motordrehmoment proportional (Bild 7). Dazu muß die Gesamtübersetzung Kurbelwelle/Starteranker erhöht werden.
Da sich der Zahnkranzdurchmesser nicht weiter steigern und das Starterritzel nicht mehr verkleinern läßt, wird die größere Gesamtübersetzung durch eine zusätzliche, im Starter eingebaute Getriebestufe erzielt (Vorgelege).
Das Übersetzungsverhältnis sollte einerseits möglichst hoch gewählt werden, um große Materialeinsparungen zu erzielen. Andererseits bestehen physikalische Grenzen mit Rücksicht auf

Bild 7: Prinzip des Vorgelegestarters.

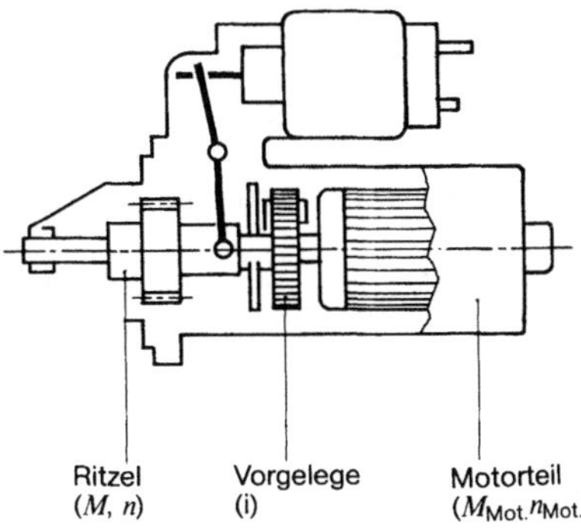

$$M_{Mot.} = \frac{M}{i}$$

$$n_{Mot.} = n \cdot i$$

$$Vol_{Mot.} \sim M_{Mot.}$$

mechanische, thermische und elektromagnetische Beanspruchungen. Mit heutiger Technologie lassen sich Übersetzungen von vier bis fünf bei kleinen Startern und von drei bis vier bei größeren Startern sinnvoll darstellen.

Zweikomponenten-Ferritmagnete

Für besonders hohe Entmagnetisierungsbeanspruchungen werden auch Zweikomponenten-Ferritmagnete verwendet. Sie bestehen aus zwei verschiedenen Magnetmassen (Bild 8a):

1. einem hochremanenten Anteil an der auflaufenden Kante,
2. einem hochkoerzitiven Anteil an der ablaufenden Kante.

Der Effektivwert der Induktion des Gesamtmagneten ergibt sich aus dem volumenproportionalen Mittelwert der beiden Magnetmaterialien.

Da die Beständigkeit der ablaufenden Segmentkante die Entmagnetisierungsfestigkeit des gesamten Magneten bestimmt, entspricht der Effektivwert der Koerzitivfeldstärke derjenigen des hochkoerzitiven Magnetmaterials.

Man erreicht damit verhältnismäßig hohe Flußdichten, d.h. drehmomentstarke Auslegungen in Verbindung mit hoher Entmagnetisierungsfestigkeit. Zweikomponenten-Ferritmagnete werden hergestellt, indem gleichzeitig zwei verschiedene Magnetmassen in eine Form gespritzt werden. Die Trennung dieser Magnetmassen erfolgt durch ein Schwert, das kurz vor dem Pressen im Magnetfeld herausgezogen wird. Danach wird der Zweikomponenten-Ferritmagnet in einem Stück gesintert und geschliffen.

Das Bild zeigt die Entmagnetisierungskennlinien von Zweikomponenten-Ferritmagneten, wie sie für Starter mit hohen Ankerstrombelägen verwendet werden (Bild 8b). Die Arbeitsgeraden bei Leerlauf und bei Boosterbetrieb für die ablaufende Segmentkante sind eingezeichnet.

Die Dimensionierung der Zweikomponenten-Ferritmagnete erfolgt für tiefe Temperaturen, hier z.B. bei –20 °C, weil dann die Entmagnetisierungsfestigkeit des Magnetmaterials am geringsten ist. Die Dicke der Magnete wird so bemessen, daß auch bei einem Kaltstart mit einer vollen warmen Boosterbatterie keine bleibende Entmagnetisierung der Magnete auftritt. Die Scherung der Arbeitsgeraden wird dadurch sehr klein.

Bild 8: Zweikomponenten-Ferritmagete.
a) Aufbau.
b) Entmagnetisierungskennlinien (bei –20 °C).

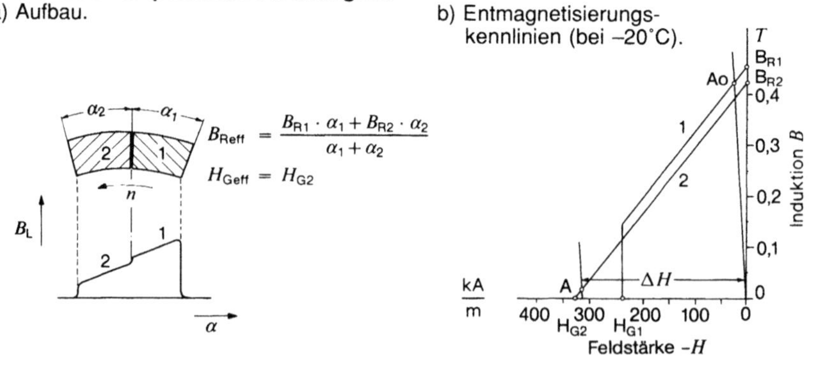

Flußleitstücke, Kennlinienbeeinflussung

Man kann die Kennlinien permanent erregter Gleichstrommaschinen durch sogenannte Flußleitstücke beeinflussen. Flußleitstücke sind Weicheisenstücke an den auflaufenden Kanten der Permanentmagnete. Um ihre Wirkungsweise darzustellen, betrachten wir eine abgewickelte Gleichstrommaschine mit Permanentmagneten (Bild 9).

Auf der linken Seite ist der örtliche Verlauf der Luftspaltinduktion bei Leerlauf, Nennlast und Kurzschluß skizziert. Die Ankerrückwirkung ist wegen des großen magnetisch wirksamen Luftspaltes (mechanischer Luftspalt plus Magnethöhe) relativ klein.

Auf der rechten Seite ist die Luftspaltinduktion bei Anwesenheit von Flußleitstücken an den auflaufenden Kanten der Permanentmagnete idealisiert gezeichnet:

– Im Leerlauf ist der Fluß entsprechend dem Verhältnis Magnetbreite zu Polbreite kleiner, was einer Feldschwächung gleichkommt. Dadurch wird die Leerlaufdrehzahl erhöht.

– Im Kurzschluß erfolgt wegen des kleinen magnetisch wirksamen Luftspaltes (nur mechanischer Luftspalt) unter den Flußleitstücken an der auflaufenden Magnetkante durch die Ankerrückwirkung eine Kompoundierung des Luftspaltfeldes, was einer Feldverstärkung gleichkommt. Dadurch wird das Anzugsmoment erhöht.

Ein Kennlinienvergleich mit und ohne Flußleitstücke ist im Bild dargestellt (Bild 10). Die Eisenkanten nähern

Bild 10: Kennlinienvergleich mit und ohne Flußleitstücke.

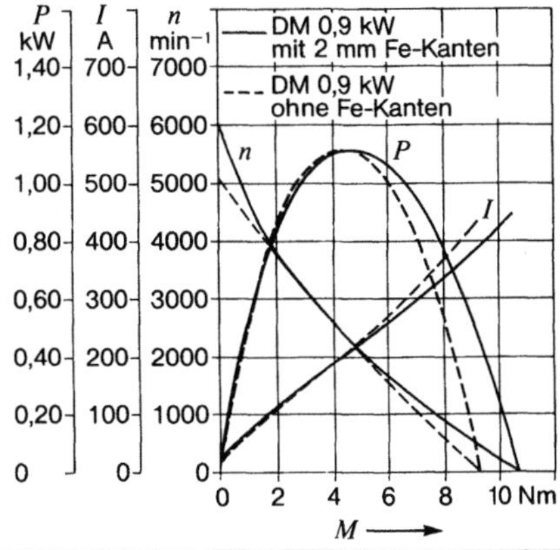

Bild 9: Kennlinienbeeinflussung durch Flußleitstücke.
a) Ohne Flußleitstücke. b) Mit Flußleitstücken.

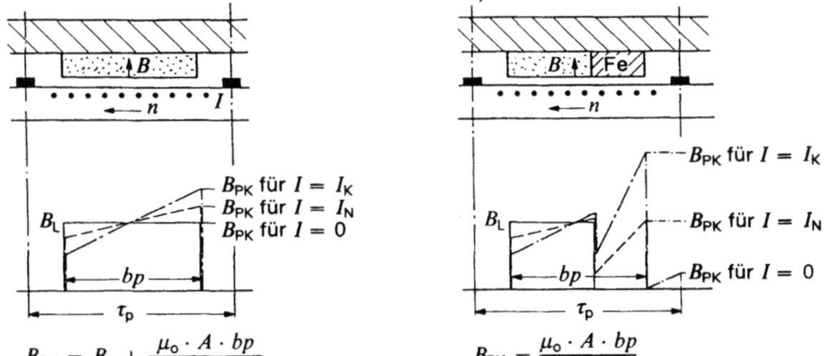

$$B_{PK} = B_L + \frac{\mu_0 \cdot A \cdot bp}{2 \cdot (\delta'' + h_M)}$$

$$B_{PK} = \frac{\mu_0 \cdot A \cdot bp}{2 \cdot \delta''}$$

also die Nebenschlußcharakteristik eines Permanentfeldmotors der Kennlinie eines Reihenschlußmotors an. Diese Änderung des Kennlinienverlaufs wirkt sich günstig aus auf Durchdrehgeräusch, Kaltstart und Warmstart.

Die Auswirkungen der Flußleitstücke auf den Feldverlauf (Bild 11) lassen sich auch aus den numerisch berechneten Feldbildern erkennen – links der Starter ohne Eisenkanten, rechts mit Eisenkanten. Im Leerlauf – oberes Bild – entsteht im Vergleich zum normalen Permanentfeldstarter eine Feldschwächung durch weniger Magnetmaterial und größeren Streufluß. Bei Belastung – unteres Bild – wird der Fluß durch die Wirkung des Ankerquerfeldes kompoundiert und dadurch das Feld verstärkt.

Bild 11: Feldlinienverlauf in Startern mit Permanenterregung.
a) Starter ohne Eisenkante, Leerlauf, b) Starter ohne Eisenkante, Belastung, c) Starter mit Eisenkante, Leerlauf, d) Starter mit Eisenkante, Belastung.

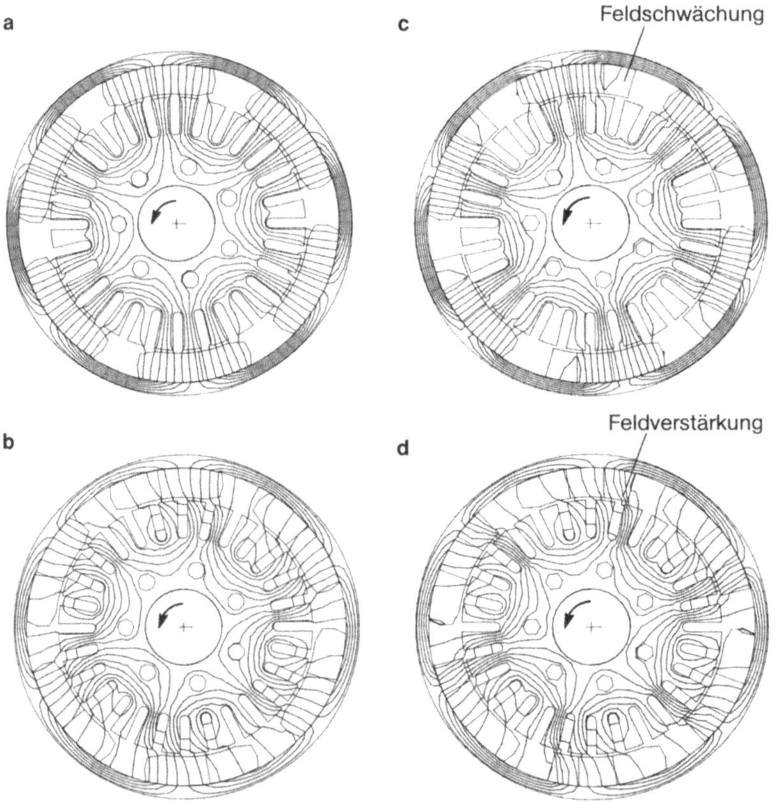

Einfluß der Polzahl

Leistung, Gewicht und Durchmesser (Bild 12)

Sowohl die Magnethöhe als auch die Ständer- und Ankerjochdicke sind umgekehrt proportional zur Polzahl, d.h. je höher die Polzahl, desto kleiner werden Polgehäusedurchmesser, Magnetgewicht und Gesamtgewicht.

Mit zunehmender Polzahl nimmt auch die Länge der Ankerstirnverbindungen ab. Dadurch wird der Ankerwiderstand und damit auch der Gesamtwiderstand der Startanlage kleiner, und die Leistung steigt.

Ein Größenvergleich für vier, sechs und acht Pole ist maßstäblich im Bild dargestellt. Man sieht, der Einfluß der Polzahl ist beträchtlich. Je höher die Polzahl, desto kleiner, leichter und leistungsstärker wird der Starter und desto günstiger sind damit auch die Kosten.

Bild 12: Einfluß der Polzahl auf Leistung, Gewicht und Abmessungen.

Abmessungen

$$h_M + \delta'' \cdot \mu_R \cdot \frac{\alpha_i \cdot l_M}{l_i} \cdot (1 - \sigma_M) = \frac{(\alpha_i/2) \cdot A \cdot \pi \cdot D/2p}{\Delta H_M} \sim \frac{1}{P}$$

$$h_{js} = \frac{\Phi_L (1 + \sigma_i)/2p}{B_{js} \cdot l_{js}} \sim \frac{1}{P}$$

$$h_{jA} = \frac{\Phi_L/2p}{B_{jA} \cdot l_{jA}} \sim \frac{1}{P}$$

Nennleistung

$$P_N = \frac{(U - \Delta U_{Bü})^2/4}{R_B + R_A + R_L} \cdot \eta_A$$

$$R_A \sim l_A + \frac{\pi \cdot D}{2p}$$

Bild		a	b	c
Polpaarzahl	p	4	6	8
Leistung	%	100	104	106
Gesamtgewicht	%	100	81	72
Magnetgewicht	%	100	66	50

Größenverhältnisse

a

b

c

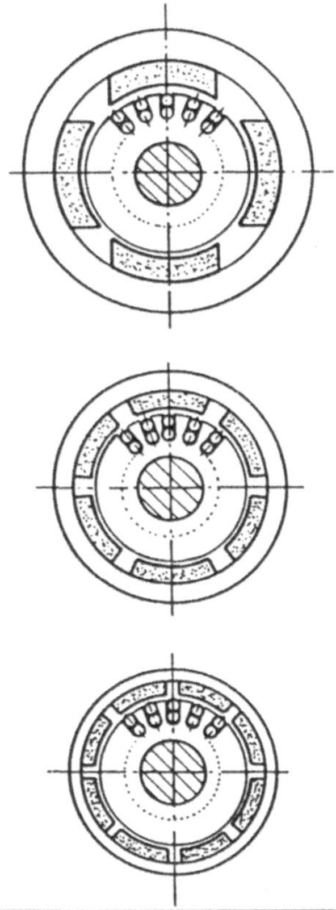

Kommutierung und Eisenverluste
(Bild 13)
Aber mit wachsender Polzahl werden die Kommutierungsverhältnisse ungünstiger. Denn die Stromwendespannung ist umgekehrt proportional der Breite der Wendezone und nimmt daher mit der Polzahl zu, weil die Pollücke mit wachsender Polpaarzahl nicht in gleichem Maße verkleinert werden kann.
Dieser für die Bürstenstandzeit ungünstige Einfluß kann durch die Verwendung von speziellen Zweikomponenten-Kohlebürsten wieder kompensiert werden. Durch hohen Kupferanteil in der Leistungszone, das ist die auflaufende Kante, wird der Bürstenspannungsabfall klein gehalten, und durch hohen Graphitanteil in der Kommutierungszone, das ist die ablaufende Kante, wird eine gute Kommutierung erreicht.
Vorteil: hohe Startleistung bei hoher Bürstenstandzeit.
Die Zweikomponenten-Kohlebürsten werden ähnlich wie die Zweikomponenten-Magnete in einem Gesenk gepreßt und anschließend gesintert.
Auch die Eisenverluste sind zu beachten. Die Hystereseverluste sind proportional der Frequenz und damit der Polzahl, die Wirbelstromverluste steigen quadratisch mit der Frequenz und damit der Polzahl.
Daher werden für die Ankerlamellen bei 6poligen Auslegungen 0,5-mm-Bleche anstelle von 1-mm-Blechen bei 4poligen Ausführungen verwendet. Ein guter Kompromiß zwischen Leistung, Abmessungen und Gewicht einerseits und Kommutierungsverhältnissen und Eisenverlusten andererseits ist im betrachteten Leistungsbereich $2\,p = 6$.

Bild 13: Kommutierung und Eisenverluste.

Kommutierung

$$U_S = \frac{I/a}{T_K} L_{Sp} = \frac{I/a \cdot v_K}{b_B} L_{Sp} = \frac{I/a \cdot v_A}{b_W} L_{Sp} \sim \frac{1}{b_W} \sim p$$

Eisenverluste

$$V_H = C_H \cdot f_A \cdot B^2$$
$$V_W = C_W \cdot f_A^2 \cdot B^2$$
$$f_A = p \cdot n \sim p$$

Zweikomponenten-Bürsten

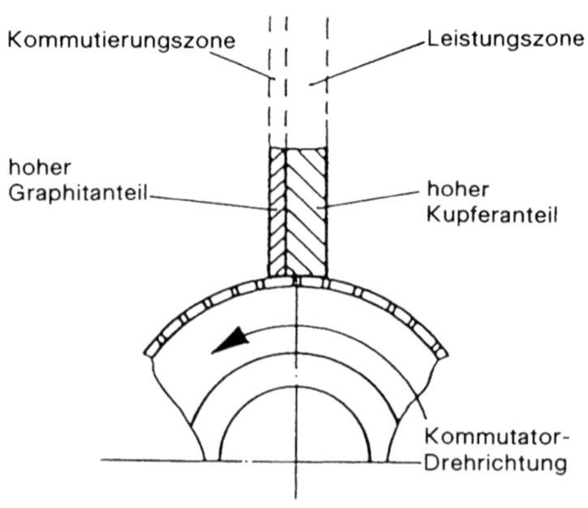

Baureihe Pkw-Starter

Das Konzept der Starterbaureihe für Pkw wurde wesentlich durch die Forderungen nach geringerem Gewicht und Bauraum, hoher Startleistung und langer Lebensdauer bestimmt (Bild 14). Das Foto zeigt die Pkw-Startertypen im Leistungsbereich 0,8 kW...2,2 kW. Es handelt sich um drei unterschiedliche Konstruktionen, die für drei verschiedene Leistungsbereiche optimiert wurden.

- DM-Starter bis 1 kW: Permanenterregung, Direktantrieb,
- DW-Starter 1 kW...2 kW: Permanenterregung, Reduktionsgetriebe,
- EV-Starter ab 2 kW: Elektrische Erregung, Reduktionsgetriebe.

Permanenterregung ist günstig für kleinere Startergrößen. Elektrische Erregung ist erforderlich ab etwa 2 kW-Startleistung, weil dann höhere elektrische und magnetische Beanspruchungen auftreten, die mit der heutigen Magnettechnologie noch nicht zu vertretbaren Kosten realisierbar sind.

Ein Reduktionsgetriebe oder Vorgelege ist vorteilhaft bei Startleistungen ab ca. 1 kW. Es ermöglicht die größten Gewichtsreduzierungen, hat aber den Nachteil, daß sich die wirksame Drehmasse des Ankers erhöht. Das dynamische Verhalten des Starters wird dadurch in der Regel ungünstiger. Geräusch und Zahnkranzbeanspruchungen nehmen tendenziell zu.

Kleinere Verbrennungsmotoren benötigen in den meisten Fällen Starter mit guter Dynamik. Daher wird bei den unteren Leistungsgrößen ein Direktantrieb bevorzugt und auf die mögliche Gewichtseinsparung durch das Vorgelege verzichtet.

Die Grundkonstruktion der Pkw-Starterbaureihe ist im Vergleich zu konven-

Bild 14: Starterbaureihe für Pkw 0,8...2,2 kW.
a) DM 0,8...1,0 kW, b) DW 1,4...1,7 kW, c) EV 2,2 kW.

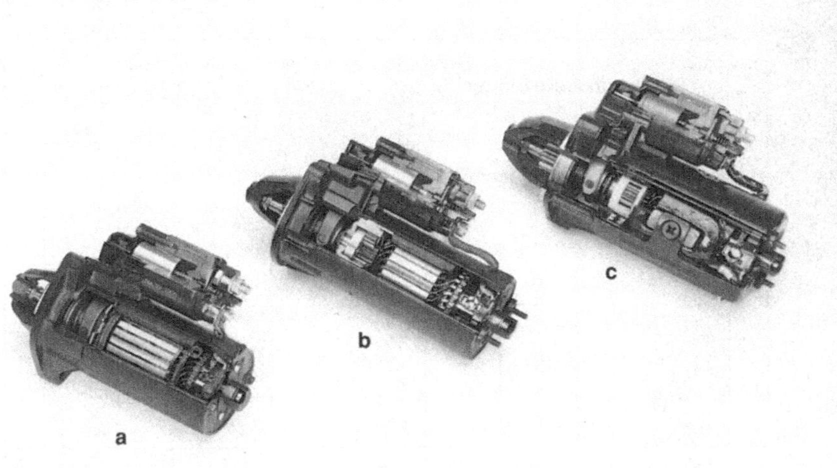

tionellen Startern unverändert, das Ritzel ist zum Motorteil koaxial. Es wird ein Baukastenprinzip innerhalb der gesamten Baureihe angewendet. Einrückrelais und Freiläufe sind identisch, andere Baugruppen wie z.B. Reduktionsgetriebe, Bürstenhalter und Polgehäuse mit Magneten sind sehr ähnlich. Dadurch wird ein hochautomatisiertes, flexibles Fertigungskonzept ermöglicht.
Mit der Pkw-Starterbaureihe im Leistungsbereich 0,8...2,2 kW können alle Anwendungen bis 5 l Hubraum bei Benzinmotoren und bis 3 l Hubraum bei Dieselmotoren bedient werden. Durch die Anwendung von Permanentmagneten und/oder Reduktionsgetrieben konnten erhebliche Gewichtseinsparungen zwischen 0,6 kg u. 4,0 kg – das sind bis zu 40% im Vergleich zu konventionellen Startern – und deutlich kleinere Abmessungen erreicht werden (Bild 15).

Wegen der technischen Vorteile sind bzw. werden alle konventionellen Pkw-Starter durch die neuen kompakten und leichten Startertypen ersetzt.

DW-Starter 1,4/1,7 kW: Permanentmagneterregung, Vorgelege

Das Foto (Bild 16) zeigt ein Schnittbild der DW-1,4/1,7-kW-Vorgelegestarter mit Permanentmagneten. Die beiden Startertypen unterscheiden sich äußerlich nur im Polgehäusedurchmesser und in der Einbaulänge. Der 1,4-kW-Starter wird für Ottomotoren mit 2...3 l Hubraum eingesetzt. Die Hauptanwendung des 1,7-kW-Starters liegt bei kleineren Dieselmotoren bis 1,6 l und großen Ottomotoren bis 5 l Hubraum.
Die wichtigsten Merkmale der DW-Starter sind:
– Polgehäuse aus Blech gerollt und verklinkt,

Bild 15: Gewichtsvergleich zwischen Pkw-Starterbaureihe und konventionellen Startern.

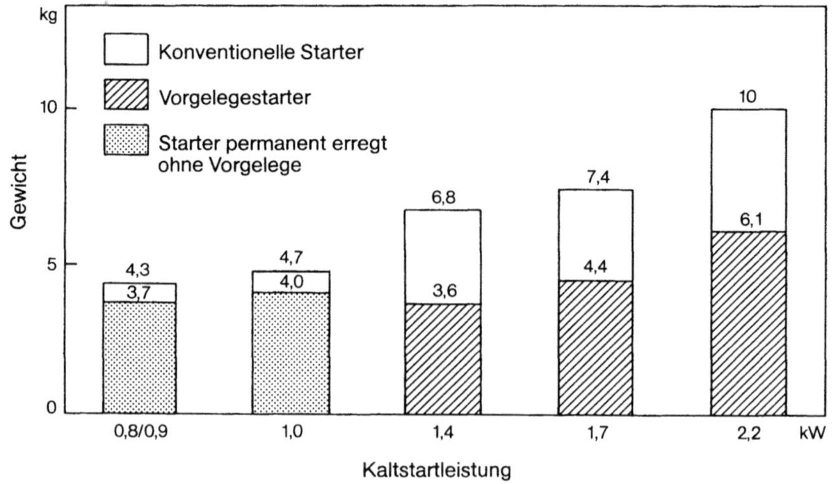

- sechs Ferritmagnete, Befestigung durch Klammern,
- zwei Leiter/Nut, Drahtankerwicklung,
- Rollkommutator diffusionsgeschweißt mit Glasrovingbandagen,
- Bürstenplatte aus Duroplast mit eingesetzten Stromschienen und Metallköchern,
- Hohlrad mit integriertem Zwischenlager aus Polyamid,
- 3 gesinterte Planetenräder (ölgetränkt) mit Nadellagern,
- Planetenträger mit Antriebswelle einstückig hergestellt,
- Blech-Kommutatorlagerdeckel,
- Freilauf, Einspurmechanismus und Einrückrelais gleichen denen des konventionellen Starters.

Wenn der DW-1,4-kW-Starter in Verbindung mit einer kleineren Batterie nur für Startleistungen bis maximal 1,1 kW genutzt wird, kommt das Planetengetriebe mit nur zwei Planetenrädern aus. Der DW-1,7-kW-Starter kann bei Verwendung von größeren Batterien bis zu 1,8 kW Startleistung zugelassen werden, wenn gleichzeitig ein verstärkter Freilauf eingebaut wird.

Ein Vorgelegestarter hat bei längeren Durchdrehvorgängen des Verbrennungsmotors ein anderes Geräuschbild als ein direktgetriebener Starter. Die

Typ	Länge L mm	Polgehäuse-∅ D mm	Gewicht kg
DW 1,4 kW	188	74	3,6
DW 1,7 kW	211	79	4,4

Bild 16: DW-Vorgelegestarter.

Ursache hierfür liegt darin, daß beim Vorgelegestarter das Trägheitsmoment des Ankers mit dem Quadrat des Übersetzungsverhältnisses auf die Ritzelseite wirkt und somit größer ist als beim direkt getriebenen Starter. Dadurch werden das dynamische Folgeverhalten bei Kompression und Dekompression eingeschränkt und Freilauf und Zahnkranz höher beansprucht.
Falls für einzelne Fahrzeugapplikationen erwünscht, läßt sich das Geräuschbild des Vorgelegestarters durch ein elastisch gelagertes Hohlrad, eventuell auch in Verbindung mit einem reduzierten Übersetzungsverhältnis, verändern (Bild 17). Ein Sinterhohlrad, das in einem Kunststoffzwischenlager durch drei elastische Gummipuffer aufgehängt wird, dämpft das typische Vorgelegestarter-Geräusch und reduziert auch die mechanischen Beanspruchungen.

DM-Starter 0,8 kW...1,0 kW:
Permanenterregung, Direktantrieb

Für kleine Ottomotoren bis 1,8 l Hubraum wurden die DM-Starter 0,8 kW...1,0 kW mit Permanenterregung und Direktantrieb entwickelt (Bild 18).
Sie sind kleiner und leichter als die bisherigen elektrisch erregten Starter dieser Leistungsgruppe, erreichen allerdings nicht ganz die Gewichtsreduzierung eines Vorgelegestarters.
Im Leistungsbereich unter 1 kW in Verbindung mit Permanentmagneten ist ein direkt getriebener Starter vorteilhafter als ein Vorgelegestarter. Das hat folgende Gründe:
– Ein direkt getriebener Starter erfordert eine weniger aufwendige Ankertechnologie zur Beherrschung von Fliehkräften und hohen Temperaturen, und das Getriebe entfällt.

Bild 17: DW-Starter mit Gummidämpfung.

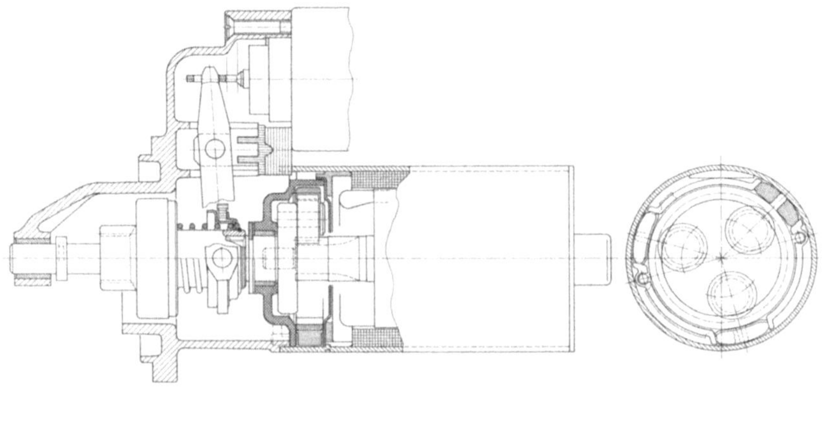

– Unsere hochentwickelte Magnettechnologie ermöglicht auch einen kleinen Motorteil beim direkt getriebenen Starter, nur einige 100 g schwerer als beim Vorgelegestarter gleicher Leistung.
– Die höhere Leerlaufdrehzahl und das günstigere dynamische Verhalten direkt getriebener Starter ermöglicht insbesondere bei kleinen Verbrennungsmotoren eine bessere Hochlaufunterstützung.
Das Bild zeigt die Konstruktion. Der Motorteil des DM-Starters ist der gleiche wie beim DW-Starter: 6polig, lediglich 4 statt 2 Leiter pro Nut bei gleichen Ankernutzahlen sind vorgesehen. Das Vorgelege fehlt, die übrigen Baugruppen (Relais, Freilauf und Einspurmechanismus) sind beim DM- und DW-Starter gleich, so daß beide Starterausführungen auf den gleichen Fertigungslinien montiert werden können.
Für die DM-Starter wurde folgender Baukasten realisiert: DM 0,8 und 0,9 kW haben den gleichen Anker, sie unterscheiden sich nur durch die Flußleitstücke an den auflaufenden Kanten der Permanentmagnete zur Erreichung einer reihenschlußähnlichen Kennlinie. Dies wirkt sich günstig aus auf das

Typ	Länge L mm	Polgehäuse-∅ D mm	Gewicht kg
DM 0,8 kW	162	79	3,7
DM 0,9 kW	162	79	3,7
DM 1,0 kW	177	79	4,0

Bild 18: DM-Starter.

Durchdrehgeräusch und den Kalt- und Heißstart. Der DM 1,0 kW hat eine größere Ankerlänge und eine kleinere Nutzahl zur Erreichung der höheren Leistung. Außerdem benötigt der DM 1,0 kW ein Zwischenlager, um die Durchbiegung der Ankerwelle aufzufangen. Der DM 1,0 kW ist dadurch etwas länger und schwerer.

EV-Starter 2,2 kW:
elektrische Erregung, Vorgelege

Für größere Pkw-Dieselmotoren bis etwa 3 l Hubraum werden Startleistungen über 2 kW benötigt, die mit der heutigen Magnettechnologie wirtschaftlich noch nicht erreicht werden können. Daher hat der Vorgelegestarter EV 2,2 kW eine elektrische Felderregung (Bild 19).

Der elektrisch erregte Vorgelegestarter EV 2,2 kW unterscheidet sich von den permanent erregten Vorgelegestartern DW in folgenden Punkten:

– Das Polgehäuse ist 6 mm dick, gerollt und geschweißt wie beim konventionellen elektrisch erregten Starter.
– Die Auslegung ist 4polig mit Kupferfeld und Fließpreßpolschuhen.
– Ein kleinerer Ankerdurchmesser und eine kleinere Nutzahl ergeben sich wegen der elektrischen Erregung. Die Ankerstab-Kommutator-Verbindung ist hartgelötet.
– Das Planetengetriebe mit drei gesinterten Planetenrädern ist als Kunststoff-Stahl-Verbund-Konstruktion ausgeführt, das Hohlrad besteht aus Polyamid, das Zwischenlager aus Alu-Druckguß.

Länge L mm	Polgehäuse-∅ D mm	Gewicht kg
216	94	6,1

Bild 19: Vorgelegestarter EV 12 V 2,2 kW.

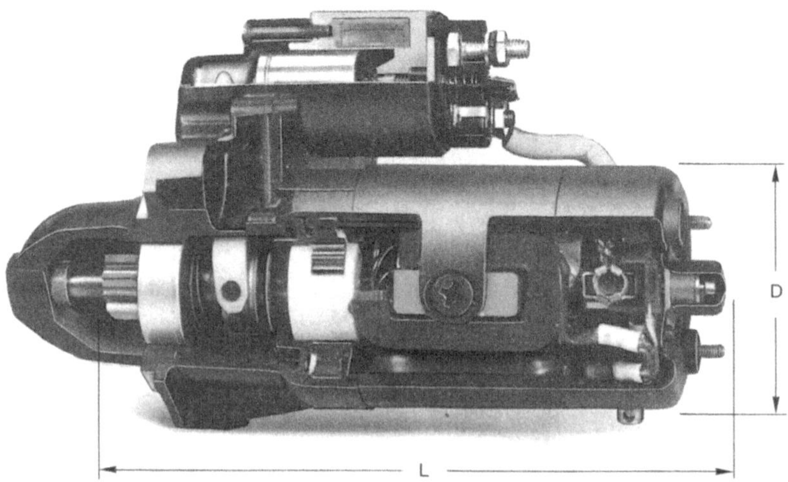

– Freilauf und Einrückrelais wurden verstärkt im Vergleich zu den DW-Startern. Für besonders hohe Beanspruchungen (hohe Startzahlen, Nkw-Betrieb) wurde eine mechanisch und thermisch verstärkte EV-Ausführung mit folgenden Merkmalen festgelegt (Bild 20):

– Verstärkter Pkw- oder Nkw-Freilauf.
– Einstückiger Planetenträger aus Stahl, 3...6 Planetenräder je nach Einsatzfall.
– Gesintertes Metallhohlrad im Vorgelege mit Dämpfung durch Gummielemente.
– Kommutatorlager aus Alu-Druckguß.
– Längerer Kommutator und breitere Kohlebürsten.

In Verbindung mit entsprechend größeren 12-V- oder 24-V-Batterien werden Kaltstartleistungen bis 2,6 kW erreicht. Der EV-Starter in Heavy-Duty-Ausführung ist gedacht für den Einsatz in großvolumigen Diesel-Pkw und für leichte Nkw mit großen Batterien und hohen Ungleichförmigkeitsgraden beim Durchdrehen.

Baureihe Nkw-Starter

Auch bei Nutzfahrzeugen sind heute geringes Gewicht und kleines Einbauvolumen von Interesse. Eine möglichst hohe Lebensdauer steht jedoch an der Spitze der Anforderungen. Sowohl thermische als auch mechanische Beanspruchungen sind in der Regel höher als bei Pkw-Startern. Daher hat sich bisher die Idee des Vorgelegestarters im Nutzfahrzeugbereich nicht durchsetzen können.

Das Übersichtsbild zeigt die in Nutzfahrzeugen verwendeten Startertypen (Bild 22). Alle Nutzfahrzeugstarter sind elektrisch erregt. Während bei Pkw die Nennspannung einheitlich 12V beträgt, kommen in Nutzfahrzeugen sowohl

Bild 20: EV-Starter mit Merkmalen für höhere Beanspruchung.

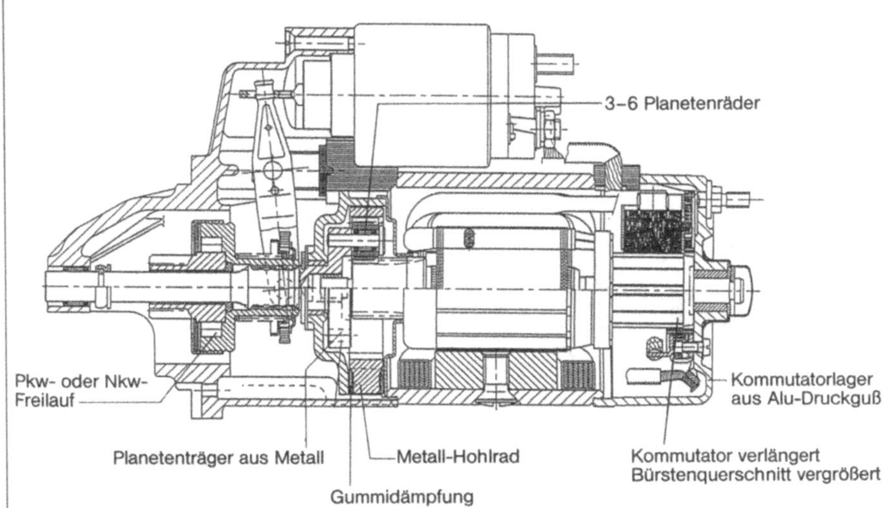

12-V- als auch 24-V-Netze vor. Dementsprechend sind die gezeigten Startertypen als 12-V- und 24-V-Versionen ausgeführt.
Da manche Nutzfahrzeuge unter besonders ungünstigen Klima- und Umweltbedingungen eingesetzt werden, können alle Nutzfahrzeugstarter bei Bedarf vollständig gegen das Eindringen von Öl, Wasser und Staub abgedichtet werden.
Die im Bild dargestellten Nutzfahrzeugstarter werden im wesentlichen in Dieselmotoren von 3 l...24 l Hubraum verwendet. Für größere Startleistungen von 9 kW...25 kW werden auch Q- und T-Starter hergestellt, auf die hier jedoch nicht näher eingegangen wird.

IF/ID-Starter

Die IF/ID-Starter sind ausgelegt für einen Leistungsbereich von rund 2 kW bis 5,2 kW. Im Bild ist der IF-Starter dargestellt, der ID-Starter ist ähnlich aufgebaut (Bild 21). Die kleinen Baugrößen werden in leichten Nkw eingesetzt, jedoch wird auch dieser Anwendungsbereich zunehmend von EV-Startern mit Vorgelege besetzt. Der Einsatzbereich der 24-V-Version geht bis zu Hubvolumen von rund 10 l.
Der Grundaufbau ist ähnlich wie bei konventionellen Pkw-Startern.
Wichtigste technische Merkmale sind:
- Polgehäusedurchmesser 115 mm,
- 4polige Reihenschluß-Feldwicklung,
- 2-Leiter-Stab-Wicklung im Anker,
- Kommutator weich gelötet, bei besonderen Anforderungen Hartlötung,
- Einrückmechanismus über Relais und Gabelhebel,
- Zwischenlager aus Stahlblech,
- 3 Gleitlager aus Sinterbronze,
- 6-Rollen-Außenkeil-Freilauf,
- elektrisch einstufiges Schub-Schraubtrieb-Einspursystem.

Bild 21: Starter IF 12 V 1,9...3 kW und 24 V 3,2...4 kW.

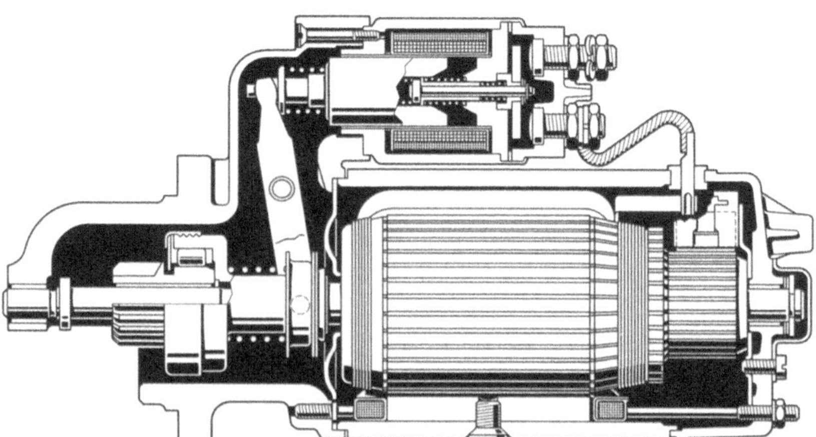

Bild 22: Starterbaureihe für Nkw.
a) IF 12 V 1,9...3 kW und 24 V 3,2...4 kW, ID (nicht abgebildet) 12 V 3,7 kW und 24 V 5,2 kW, b) IE 12 V 5 kW und 24 V 6 kW, c) KB 12 V 4 kW und 24 V 5,5...6,5 kW, QB (nicht abgebildet) 24 V 9 kW, d) KE 12 V 5,5 kW und 24 V 7,5 kW.

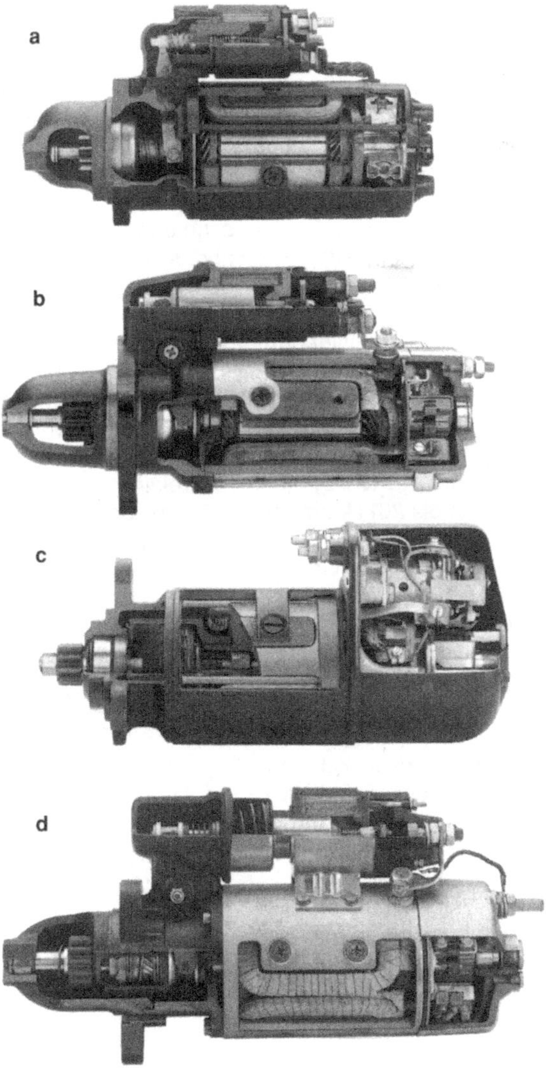

IE-Starter

Für Motoren bis etwa 14 l Hubraum und hohe Lebensdaueranforderungen ist der IE-Starter vorgesehen (Bild 23a). Er ist für Startleistungen von 5 kW bei 12 V und 6 kW bei 24 V ausgelegt.
Abweichende technische Merkmale vom IF-Starter sind:
- Außenliegende Schrauben,
- dreifache Wälzlagerung der Welle durch Kugel- bzw. Nadellager,
- Einrückrelais mit Leerweg,
- Schubtriebsystem mit mechanischer Ritzelverdrehung,
- Zahnkupplungsfreilauf (Positork).

KB/QB-Starter

Die KB-Starter mit Startleistungen bis 4 kW bei 12 V und 6,5 kW bei 24 V (Bild 23b) werden in zwei Baugrößen hergestellt. Der QB-Starter 24 V 9 kW mit größerem Polgehäusedurchmesser ist ähnlich aufgebaut. KB/QB-Starter sind für Dieselmotoren bis 20 l Hubraum geeignet.
Sie unterscheiden sich in ihrer Grundkonstruktion deutlich von den übrigen Startertypen, insbesondere auch durch das freiausstoßende Ritzel.
Der Einspurvorgang wird von einem Einrückmagneten vorgenommen, der das Ritzel durch eine in der hohlen Ankerwelle liegende Stange in Richtung Zahnkranz schiebt. Dabei rotiert der Anker bereits sehr langsam in einer Vorstufe. Erst nach dem Einspuren wird der volle Hauptstrom geschaltet. Durch dieses Schubtriebsystem mit elektrischer Ritzelverdrehung wird ein sanftes Einspuren in den Zahnkranz erreicht.
Die wichtigsten technischen Merkmale sind:
- Polgehäusedurchmesser 127/150 mm,
- Reihenschluß- und Nebenschlußwicklung, Kompoundverhalten,
- Ansteuerung der Einspur-Vorstufe durch integriertes Steuerrelais,
- Lamellenkupplung mit Freilauffunktion zur Stoßlastbegrenzung.

KE-Starter

Der KE-Starter mit Startleistungen von 5,5 kW bei 12 V und 7,5 kW bei 24 V findet in Dieselmotoren mit Hubräumen bis zu 24 l Anwendung (Bild 23c). Seine Konstruktion ist auf extreme mechanische und thermische Beanspruchungen abgestimmt. Im Grundaufbau ähnelt er dem IE-Starter.
Technische Merkmale:
- Polgehäusedurchmesser 130 mm,
- 4polige Reihenschlußerregung,
- hartgelötete Verbindung Ankerleiter/Kommutator,
- am Polgehäuse aufgesatteltes Einrückrelais,
- Zahnkupplungsfreilauf (Positork),
- Befestigungsflansch verdrehbar,
- Dreipunktlagerung der Welle in Nadellagern,
- Komplettabdichtung. Tauchfähig bis 2 m Wassertiefe.

Bild 23: Nkw-Starter.
a) IE 12 V 5 kW und 24 V 6 kW, b) KB 12 V 4 kW und 24 V 5,5...6,5 kW,
c) KE 12 V 5,5 kW und 24 V 7,5 kW.

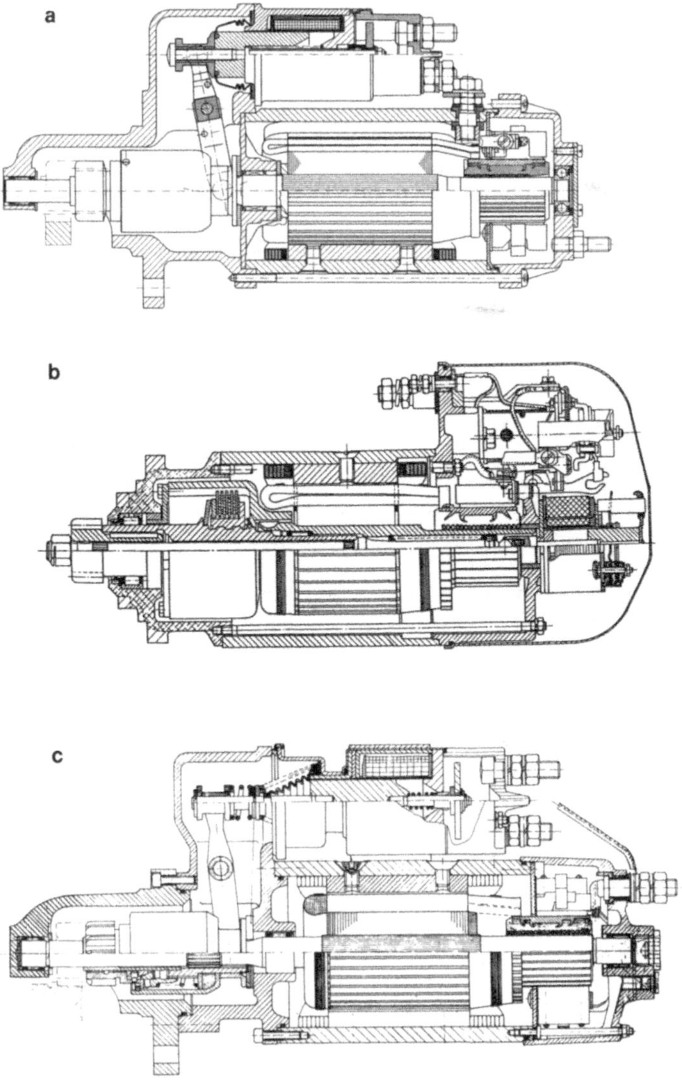

Starterauslegungen mit Neodym-Magneten

In jüngerer Zeit wurde ein neuer Magnetwerkstoff auf der Basis von Neodym vorgestellt. Das Material, eine Legierung aus rund 65% Eisen, 33% Neodym und 2% Bor hat hervorragende magnetische Eigenschaften. Bei Raumtemperatur werden je nach Zusammensetzung und Behandlung folgende magnetische Kennwerte erreicht (Bild 10):

- Remanenzinduktion: 1...1,2 T,
- Koerzitivfeldstärke: 1000...1200 kA/m,
- Energiedichte: 300 kJ/m^3.

Zum Vergleich die effektiven Werte heutiger guter Ferritmagnete (Bild 9):

- Remanenzinduktion : 0,4 T,
- Koerzitivfeldstärke: 400 kA/m,
- Energiedichte: 40 kJ/m^3.

Diesen sehr guten Stoffwerten stehen allerdings heute noch einige Nachteile gegenüber:

- Die Zielkosten von NdFeB-Magneten werden zwar deutlich günstiger eingeschätzt als von SmCo-Magneten, liegen jedoch immer noch etwa um den Faktor 10 höher als bei Ferritmagneten.
- Die Koerzitivfeldstärke, und damit die materialbedingte Sicherheit gegen Entmagnetisierung, sinkt mit steigender Temperatur. Sie fällt bei 150°C, einem Wert, der in Startern durchaus auftreten kann, auf etwa $^1/_3$ ihres Wertes bei Raumtemperatur.

Ferrite hingegen haben ein entgegengesetztes Verhalten. Sie werden mit steigender Temperatur beständiger gegen Entmagnetisierung. Gerade diese Eigenschaft macht Ferrite für den Einsatz in Startern besonders geeignet, weil bei hohen Startertemperaturen in der Regel auch die Batterie warm ist und mit ihrem dann geringen Innenwiderstand hohe Starter-Anlaufströme liefern kann.

Bild 24: Temperaturabhängigkeit von Ferrit-Permanentmagneten.

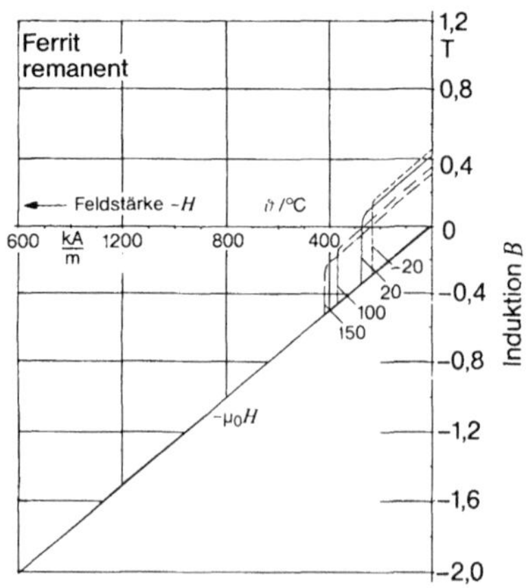

Bild 25: Temperaturabhängigkeit von Neodym-Permanentmagneten.

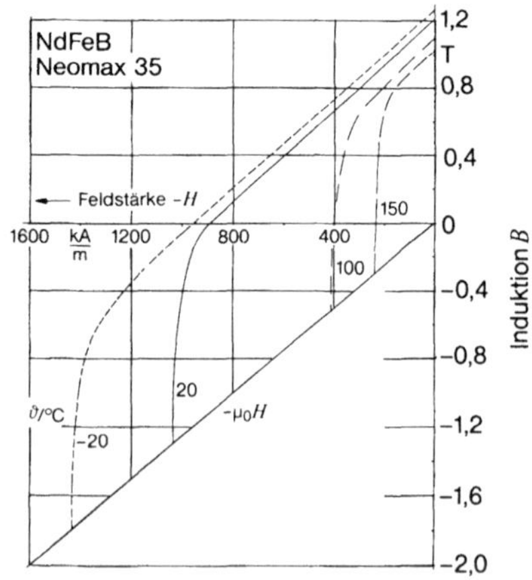

– Neodym-Magnete sind elektrisch leitend. Dadurch entstehen in ihnen beim Drehen des genuteten Starterankers durch Nutungsoberwellen Wirbelströme, die den Starterwirkungsgrad verschlechtern und zu zusätzlicher Erwärmung der Magnete führen.
– Die Entwicklungsarbeiten an diesem Werkstoff sind noch im Anfangsstadium. Insbesondere sind auch die Fragen der Korrosionsbeständigkeit und der magnetischen Langzeitstabilität noch nicht zufriedenstellend gelöst.

Der Nachteil des ungünstigen Temperaturkoeffizienten der Koerzitivfeldstärke läßt sich zum Teil durch eine entsprechende Dimensionierung der Magnete kompensieren. Dies führt allerdings zu dickeren Magneten, also relativ hohem Aufwand an Magnetmaterial.

Der Vergleich von Starterauslegungen mit Neodym-Magneten unter Berücksichtigung der heute bekannten technischen Eigenschaften mit den heutigen Serienstartern mit Ferriten oder elektrischer Erregung erlaubt folgende Aussagen (Bild 26):
– Generell lassen sich die hohen Induktionswerte bei Pkw-Startern nicht ausnutzen.
– Im Leistungsbereich unter 1 kW ist der Einsatz von Neodym-Magneten nicht sinnvoll, hier sind Zweikomponenten-Ferritmagnete ausreichend.
– Im Leistungsbereich 1,4 kW...1,7 kW erreicht man bei Direktantrieb unter Verwendung von Neodym-Magneten die gleiche Startleistung mit einer Baugröße kleiner als beim direkt getriebenen elektrisch erregten Starter, liegt allerdings noch um eine Baugröße über den Vorgelegestartern mit Ferritmagneten.
– Im Leistungsbereich 2,2 kW...4 kW liegen Neodym-Auslegungen ohne Vorgelege etwa in der Mitte zwischen konventionellen Startern und elektrisch erregten Vorgelegestartern. Die Anwendung von Neodym in Vorgelegestartern bringt gegenüber elektrischer Erregung jedoch keine weiteren Gewichtsvorteile.

Der Einsatz von Neodym-Magneten mit den heute bekannten Eigenschaften ist grundsätzlich möglich, bietet jedoch kaum technische Vorteile und ist wirtschaftlich wenig sinnvoll.

Die Bewertung kann sich jedoch durchaus ändern, wenn es gelingt, das ungünstige Temperaturverhalten zu verbessern und die Herstellkosten zu senken.

Bild 26: Vergleich von Starterauslegungen.

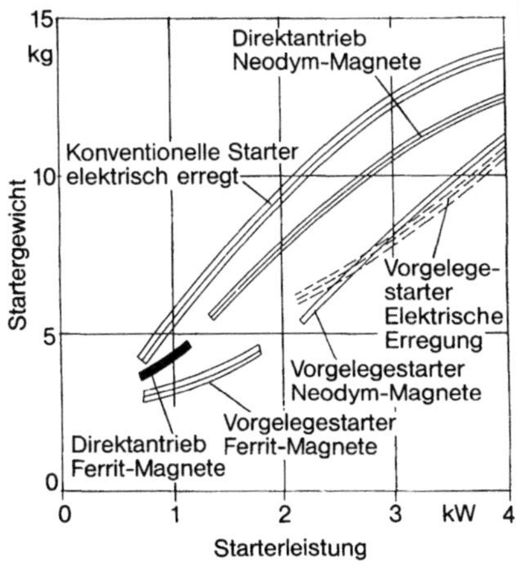

Generatoren

Aufbau und Funktion

Ein moderner Klauenpol-Drehstromgenerator besteht aus folgenden Baugruppen (Bild 27):
- Ständerblechpaket mit Drehstromwicklung,
- Läufer mit Klauenpolen, Erregerwicklung und Schleifringen,
- Gleichrichterbrücke mit Dioden,
- Köcherbürstenhalter mit Anbauspannungsregler in Hybridtechnik,
- Antriebslager- und Schleifringlagerschild,
- gefaltete Blechriemenscheibe und asymmetrischer Blechlüfter.

Der in der Ständerwicklung erzeugte Drehstrom wird durch eine Diodenbrücke gleichgerichtet. Die Ausgangsspannung wird über den gesamten Drehzahlbereich von ≈ 1:10 durch Erregerstromregelung konstant gehalten.

Bei Pkw-Anwendungen beträgt die Nennspannung 14 V, für Nkw werden meist 28 V verwendet. Der Antrieb erfolgt über Keilriemen mit einer Übersetzung 1:2 bis 1:3. Dabei erreicht der Generator Maximaldrehzahlen bis 18000 min^{-1}. Der Anbau erfolgt direkt am Verbrennungsmotor über Halter.

Äußere Einflüsse sind:
- hohe Schwingbeschleunigung (50...80 *g*),
- hohe Temperaturen (Motornähe 100...120 °C),
- Korrosion (Wasser, Schmutz, Öl, Salz),
- starke Drehzahlwechselbelastungen.

Das Klauenpolprinzip ist im Bereich bis ca. 5 kW für Kfz-Anwendungen wegen des kleinen Erregerkupfer-Aufwandes und der einfachen Herstellbarkeit des Läufers am wirtschaftlichsten.

Der Drehstrom-Klauenpolgenerator ist heute in allen Kfz eingebaut. Er hat den

Bild 27: Klauenpolgenerator.

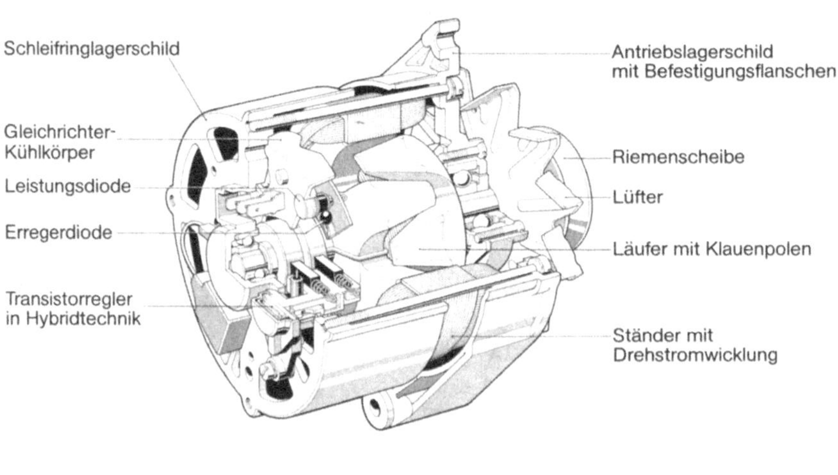

früher üblichen Gleichstromgenerator völlig verdrängt, weil er deutlich höhere Leistung bei geringerem Gewicht ermöglicht. Seine Einführung war erst in großem Umfang möglich, als leistungsfähige und kostengünstige Siliziumdioden für die Gleichrichtung hergestellt werden konnten.

Kennlinien, Auslegungskriterien, Wirkungsgrad

Bei der Berechnung der Kennlinie eines Drehstrom-Klauenpolgenerators $I = f(n)$ für $U =$ konst. müssen folgende Besonderheiten beachtet werden:

– Der Klauenpolläufer hat eine ausgeprägte Unsymmetrie der magnetischen Leitwerte in Längs- und Querachse.

– Die Längs- und Querfeldreaktanzen ändern sich stark zwischen Leerlauf und Belastung von gesättigt in ungesättigt.

– Der Ohmsche Widerstand des Ständers ist nicht vernachlässigbar. Die Wicklungstemperatur ist stark vom Belastungsstrom und der Lüfterdrehzahl abhängig. Ebenso ist die Temperaturabhängigkeit des Erregerwiderstandes zu berücksichtigen.

Geregelt wird auf Nennspannung $U = 14$ V, das Bordnetz ist eine nahezu rein ohmsche Last. Das Zeigerdiagramm (Bild 28, links) stellt einen typischen Lastfall dar. Die Übertrittskennlinien (Bild 28, rechts), das sind Polfluß, Luftspaltfluß und Streufluß, in Abhängigkeit von der erforderlichen Durchflutung, charakterisieren den magnetischen Kreis der Maschine. Sie werden durch abschnittsweise Berechnung der magnetischen Teilspannungen ermittelt. Für die genaue Vorausberechnung der Strom-Drehzahl-Kennlinie muß man für jeden einzelnen Betriebspunkt $I = f(n)$ den zugehörigen Erregerstrom aus den Übertrittslinien und dem Zeigerdiagramm iterativ bestimmen.

Bild 28: Zeigerdiagramm und Übertrittskennlinien.

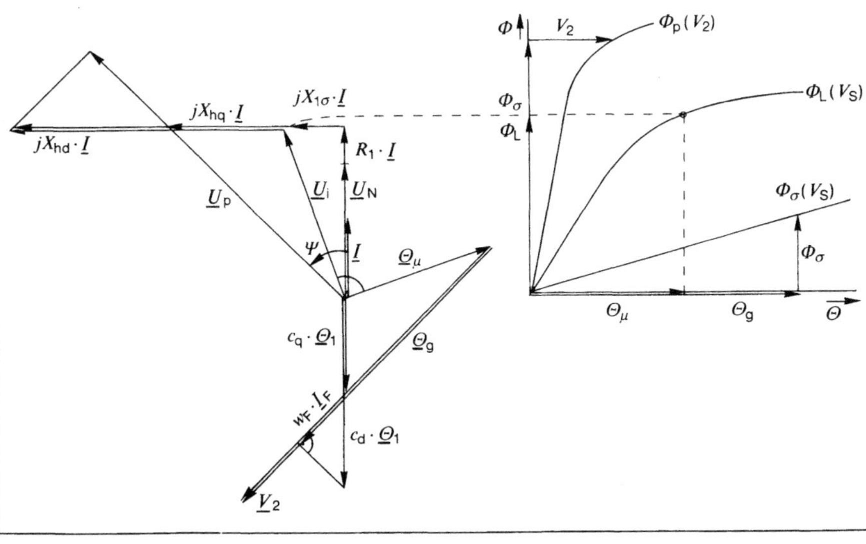

Dies geschieht wie folgt:
Man ermittelt für eine vorgegebene Drehzahl mit einem angenommenen Ständerstrom die induzierte Spannung durch Addition des Wirk- und Streuspannungsabfalls zur Klemmenspannung. Hieraus ergibt sich der zugehörige Luftspaltfluß und aus der Übertrittskennlinie die notwendige Magnetisierungsdurchflutung. Aus dem Stromdiagramm erhält man mit der Ankerlängs- und -querdurchflutung die wirksame Ankergegendurchflutung und den Streufluß. Durch Addition des Streuflusses zum Luftspaltfluß ergibt sich der Polkernfluß mit seinem Magnetisierungsbedarf. Aus der Summe der wirksamen Ankergegendurchflutung und dem Magnetisierungsbedarf des Polkerns erhält man den erforderlichen Erregerstrom, der mit dem aus dem Quotienten von Erregerspannung und Erregerwiderstand errechneten Wert im allgemeinen nicht übereinstimmt. Dementsprechend muß der angenommene Laststrom so lange iterativ geändert werden, bis der für den Lastfall erforderliche Erregerstrom mit dem eingestellten Erregerstrom übereinstimmt. Damit erhält man einen Punkt der Kennlinie $I = f(n)$.

Bild 29: Gleichungen zur Strom-Drehzahl-Kennlinie.

Aus dem Zeigerdiagramm folgt

$$(U_N + R_1 I) \cdot \tan\Psi = (X_{1\sigma} + X_{hq}) \cdot I$$

$$\left[U_p - (X_{hd} - X_{hq}) \cdot I_d\right] \cdot \sin\Psi = (X_{1\sigma} + X_{hq}) \cdot I$$

dabei gilt

$$I_d = I \cdot \sin\Psi$$

und

$$X_d = X_{1\sigma} + X_{hd} = X_{do} \cdot \frac{n}{n_0}$$

$$X_q = X_{1\sigma} + X_{hq} = X_{q0} \cdot \frac{n}{n_o}$$

Parameterdarstellung mit Lastwinkel Ψ

$$I = \frac{U_N}{\frac{X_{qo}}{\sin\Psi} + (X_{do} - X_{q0}) \cdot \sin\Psi}$$

$$n = n_o \frac{(U_N + R_1 \cdot I) \cdot \tan\Psi}{X_{qo} \cdot I}$$

Unter der vereinfachenden Annahme, daß Längs- und Querreaktanz sowie der Ankerwiderstand konstant bleiben, kann man eine Parameterdarstellung der Strom-Drehzahl-Kennlinie finden.
Die Gleichungen (Bild 29) werden aus dem Zeigerdiagramm abgeleitet. Die mit Null indizierten Reaktanzen der Längs- und Querachse sind auf Leerlaufdrehzahl bezogen. Nach Umformung ergibt sich mit dem Lastwinkel ψ eine einfache Parameterdarstellung der Strom-Drehzahl-Kennlinie.
Die Kennlinie ist im Bild 30 dargestellt. Es ergeben sich drei ausgezeichnete Punkte:
– Einschaltdrehzahl: Hier erreicht der Generator im Leerlauf gerade die Nennspannung und beginnt Strom abzugeben.
– Maximalstrom: Hier arbeitet der Generator praktisch im Kurzschluß und gibt seine Höchstleistung ab. Man sieht, der maximale Strom hängt einzig und allein von der Längsreaktanz bei Einschaltdrehzahl ab. Mit Hilfe der Gleichungen für die Spannung und die Längsreaktanz bei Leerlauf läßt sich der Maximalstrom weiter umformen, und man erhält einen sehr einfachen Zusammenhang. Der maximal mögliche Generatorstrom ist dem auf die Ständerseite umgerech-

neten Erregerstrom direkt proportional, lediglich korrigiert um den Quotienten aus Spannungsform und Ständerstreuung plus Längsfeldfaktor.

– Tangentenpunkt: Im Tangentenpunkt ist die Ausnutzung des Generators am höchsten.

Auslegungskriterien (Bild 30)

Es wird eine kleine Einschaltdrehzahl und ein hoher Maximalstrom gefordert. Dann ist auch der Quotient aus Maximalstrom und Leerlaufdrehzahl, multipliziert mit einer sinnvoll gewählten Konstanten, maximal.

Mit den Werten für Strom und Drehzahl ergibt sich, daß im Tangentenpunkt der Quotient aus Scheinleistung und Drehzahl maximal ist und damit die Generatorausnutzung am höchsten wird. Die Auslegungskriterien erhält man aus folgender Überlegung. Der Quotient aus Maximalstrom und Einschaltdrehzahl läßt sich wie angegeben noch umformen, und es gilt die bekannte Vorschrift für die Auslegung elektrischer Maschinen:

– Hohe elektrische und magnetische Ausnutzung, d.h. Strombelag und Induktion groß,

– großes Bohrungsvolumen.

Einfluß der Auslegung der Ständerwicklung

Wie vorne gezeigt, ist die Steilheit der Tangente an die Strom-Drehzahl-Kurve maßgebend für die Generatorausnutzung. Ein Beispiel für unter-

Bild 30: Strom-Drehzahl-Kennlinie, Auslegungskriterien.

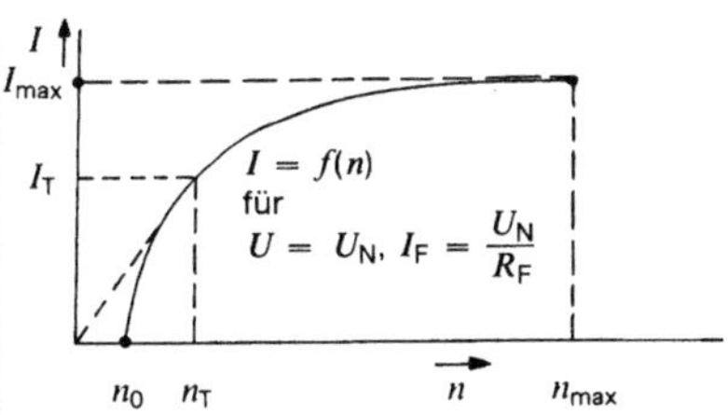

Einschaltdrehzahl

$\Psi = 0$: $n = n_0$, $I = 0$

Maximalstrom

$\Psi \rightarrow 90°$: $I_{max} = \dfrac{U_N}{X_{do}}$, $n = n_{max} \gg n_0$

mit

$$U_N = \frac{\omega_0}{\sqrt{2}} \cdot w_1 \cdot \xi_1 \cdot \frac{2}{\pi} \cdot \tau_p \cdot l_i \cdot B_L \cdot K_\beta$$

wobei

$$K_\beta = \frac{4}{\pi} \cdot \sin\left(\frac{b_p}{\tau_p} \cdot \frac{\pi}{2}\right)$$

und

$$X_{do} = \omega_0 \cdot \frac{m_1}{2} \cdot \frac{4}{\pi^2} \cdot \frac{l_i \cdot \tau_p}{p} \cdot \frac{\mu_0}{\delta''} (w_1 \cdot \xi_1)^2 (\sigma_1 + c_d)$$

folgt

$$I_{max} = \frac{U_N}{X_{do}} = \frac{2\delta'' \cdot B_L/\mu_0}{\frac{m_1}{2} \cdot \frac{4}{\pi} \cdot \frac{w_1 \cdot \xi_1}{p} \cdot \sqrt{2}} \cdot \frac{k_\beta}{\sigma_1 + c_d} = I'_F \cdot \frac{k_\beta}{\sigma_1 + c_d}$$

wobei

$$\frac{m_1}{2} \cdot \frac{4}{\pi} \cdot \frac{w_1 \cdot \xi_1}{p} \cdot \sqrt{2} \cdot I'_F = w_F \cdot I_F = B_L \cdot \frac{2\delta''}{\mu_0}$$

Tangentenpunkt

$$n_T = \sqrt{2} \cdot n_0$$

$$I_T = \frac{I_{max}}{\sqrt{2}}$$

(gilt exakt nur für $R_1 = 0$)

Auslegungskriterien

$$c \cdot \frac{I_{max}}{n_0} = \frac{1}{2} m_1 \cdot U_N \frac{\sqrt{2} \cdot I_T}{n_T/\sqrt{2}} = \left(\frac{S}{n}\right)_T \stackrel{!}{=} \max$$

mit

$$I_{max} = \frac{A_{max} \cdot \pi \cdot D}{2 m_1 \cdot w_1}$$

$$n_0 = \frac{\sqrt{2} \cdot U_N}{2\pi \cdot w_1 \cdot \xi_1 \cdot D \cdot l_i \cdot B_{max}}$$

gilt

$$c \cdot \frac{I_{max}}{n_0} = \frac{\pi^2 \cdot \xi_1}{2 \cdot \sqrt{2}} \cdot D^2 \cdot l_i \cdot A_{max} \cdot B_{max} \stackrel{!}{=} \max$$

schiedliche Ständerwicklungsauslegungen bei gleichem Nutfüllfaktor zeigt Bild 31:

– Kleine Leiterzahl pro Nut gibt einen hohen Maximalstrom, aber auch eine hohe Einschaltdrehzahl.

– Große Leiterzahl pro Nut gibt eine niedrige Einschaltdrehzahl, aber auch einen kleinen Maximalstrom.

– Alle Auslegungsvarianten haben die gleiche maximale Ausnutzung, die durch den jeweiligen Tangentenpunkt beschrieben wird.

Der Einfluß der Leiterzahl pro Nut auf den Wirkungsgrad ist ebenfalls im Bild dargestellt.

– Ein guter Wirkungsgrad wird mit kleiner Leiterzahl pro Nut erreicht.

– Auslegungen mit kleiner Einschaltdrehzahl sind temperaturmäßig ungünstiger.

Da die Leistung eines Generators mit steigender Drehzahl zunimmt, wählt man eine Übersetzung von ca. 1:2 bis 1:3 von der Kurbelwelle des Verbrennungsmotors zum Generator. Die maximale Drehzahl von ca. 18000 min^{-1} am Generator wird begrenzt durch

– Fliehkräfte,

– Gebrauchsdauer der Lager und Kohlebürsten,

– Lüfter- und Reibungsverluste.

Bild 31: Einfluß der Leiterzahl pro Nut (L/N) auf die Generatorkennlinien.
Beispiel: Generator N 1 14V.

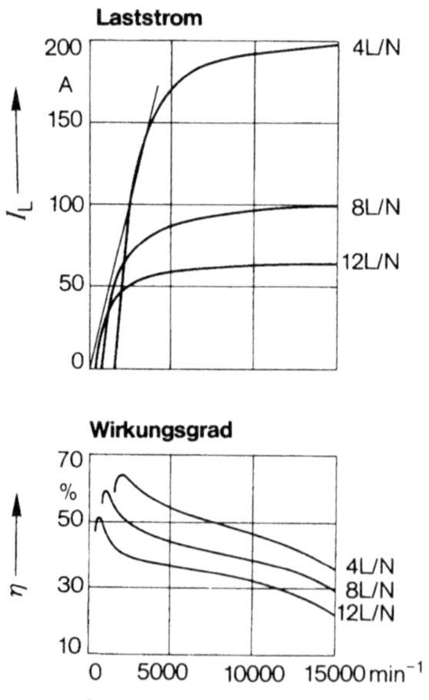

Bild 32: Verluste und Wirkungsgrad.
a) Verlustaufteilung in Abhängigkeit von der Drehzahl, b) Wirkungsgradkennfeld in Abhängigkeit von Drehzahl und Last.

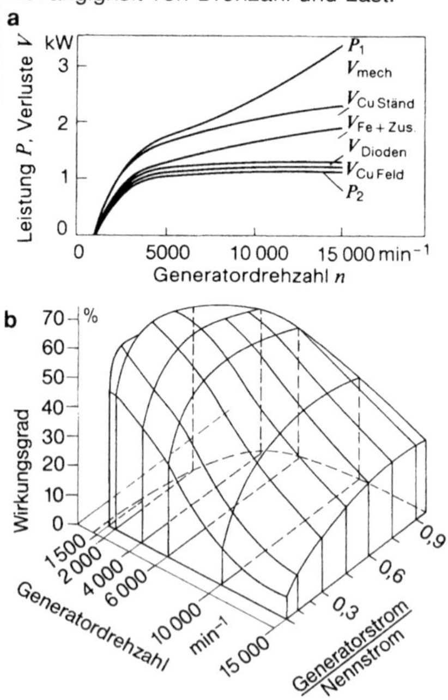

Verluste und Wirkungsgrad (Bild 32)

Das obere Bild zeigt die Verlustaufteilung eines Drehstromgenerators bei Vollast. Erreger- und Diodenverluste sind relativ niedrig. Es dominieren die Eisen- und Kupferverluste im Ständer und die Reibungs- und Lüfterverluste bei hohen Drehzahlen.

Das untere Bild zeigt das typische Wirkungsgrad-Kennfeld eines Drehstromgenerators als Funktion der Drehzahl und der Belastung. Im praktischen Fahrbetrieb arbeitet der Generator im Teillastbereich. Der Wirkungsgrad bei mittlerer Drehzahl liegt dann bei ca. 60%. Bei höheren Drehzahlen geht der Wirkungsgrad auf ca. 30% zurück.

Vergleich Schenkelpol-/Klauenpolgenerator

Oft wird die Frage gestellt, warum in Kraftfahrzeugen der Klauenpolgenerator und nicht der Schenkelpolgenerator verwendet wird. Die folgende Abhandlung soll die Begründung hierfür liefern (Bild 33).

Zur Erzeugung der notwendigen Luftspaltinduktion ist eine bestimmte Erregerdurchflutung erforderlich. Die Gleichungen für beide Maschinenausführungen sind einander gegenübergestellt. Vergleicht man die wirksamen Windungslängen eines Schenkelpol- und eines Klauenpolgenerators, ergibt sich ein Verhältnis von vier zu ungun-

Bild 33: Vergleich von Schenkelpol-(a) und Klauenpolgenerator(b).

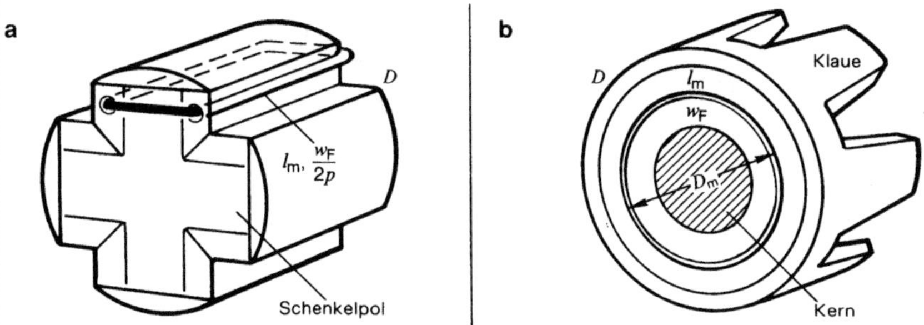

a:

$$B_L = \frac{\mu_0}{2\delta''} \cdot \Theta_F \qquad B_L = \frac{\mu_0}{2\delta''} \frac{U_F \cdot q_L}{\varrho \cdot p \cdot l_m}$$

$$\Theta_F = 2 \frac{w_F}{2p} \cdot I_F \qquad p \cdot l_m = p(2 l_{Fe} + 2\tau_p)$$

$$I_F = U_F / R_F \qquad \text{mit } l_{Fe} \approx \tau_p$$

$$R_F = \varrho \cdot \frac{w_F \cdot l_m}{q_L} \qquad p \cdot l_m = p \cdot 4\tau_p$$

b:

$$B_L = \frac{\mu_0}{2\delta''} \cdot \Theta_F \qquad B_L = \frac{\mu_0}{2\delta''} \frac{U_F \cdot q_L}{\varrho \cdot l_m}$$

$$\Theta_F = w_F \cdot I_F \qquad l_m = \pi \cdot D_m$$

$$I_F = U_F / R_F \qquad \text{mit } D_m \approx D/2$$

$$R_F = \varrho \cdot \frac{w_F \cdot l_m}{q_L} \qquad l_m = \frac{\pi \cdot D}{2} = p \cdot \tau_p$$

Wirksame Windungslänge für Errergerdurchflutung: $\frac{(p \cdot l_m)_{SP}}{(l_m)_{KP}} \approx 4:1$ **Vorteil für Klauenpolbauart**

a:

$$\frac{V}{O} = I_F^2 \cdot \frac{\varrho \cdot w_F \cdot 2 l_{Fe}}{q_L} \cdot \frac{1}{\pi D \cdot l_{Fe}} = \varrho \cdot S_F \cdot A_F$$

b:

$$\frac{V}{O} = I_F^2 \cdot \frac{\varrho \cdot w_F \cdot \frac{\pi D}{2}}{q_L} \cdot \frac{1}{\pi D \cdot l_{Fe}} = \varrho \cdot S_F \cdot A_F \cdot \frac{\tau_p}{l_{Fe}} \cdot \frac{p}{2} \approx \varrho \cdot S_F \cdot A_F \cdot \frac{p}{2}$$

Verlustverhältnis pro Oberflächeneinheit im Luftspalt: $\frac{(V/O)_{SP}}{(V/O)_{KP}} = \frac{2}{p}$ **Nachteil für Klauenpolbauart ($p = 6$)**

sten des Schenkelpolgenerators. Dabei wird angenommen, daß die Maschinenauslegungen quadratisch sind (Polteilung gleich Eisenlänge) und daß der mittlere Durchmesser der Erregerwicklung des Klauenpolgenerators etwa gleich dem halben Bohrungsdurchmesser ist. Dies ist der große Vorteil des Klauenpolgenerators.

Vergleicht man aber von beiden Maschinentypen die Verluste pro Oberflächeneinheit im Luftspalt, die ein Maß für die erforderliche Kühlung darstellen, ergibt sich ein Verhältnis von $2/p$ zu gunsten des Schenkelpolgenerators. Denn Klauenpolgeneratoren werden im allgemeinen mit hohen Polzahlen ausgeführt. Dies ist ein großer Nachteil bei höheren Leistungen.

Zusammenfassend kann festgestellt werden: Für kleine Leistungen im Bereich bis ca. 5 kW für Kraftfahrzeuganwendungen ist der Klauenpolgenerator wegen des kleinen Erregeraufwandes am wirtschaftlichsten. Für größere Leistungen ist der Klauenpolgenerator wegen der schlechteren Kühlung und der hier nicht erwähnten größeren Streuung und der frequenzabhängigen Eisenverluste technisch nicht mehr sinnvoll.

Bild 34: Gleichrichtung.
a) Seriengleichrichter K1,
b) Hauptstromdiode.

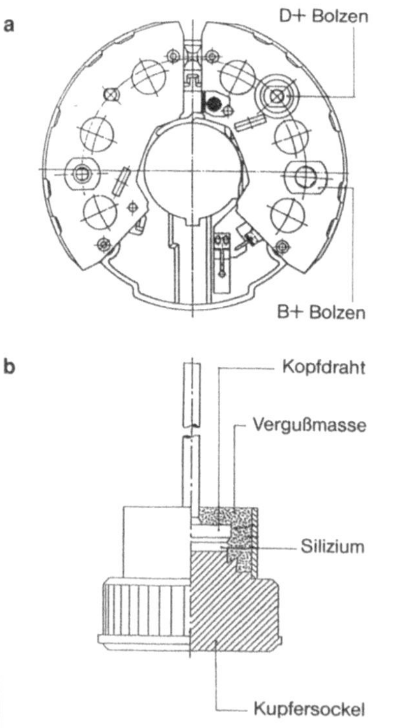

Gleichrichtung

Die Drehstrombrücke, bestehend aus 6 Leistungsdioden 25 A bzw. 35 A und eventuell zwei Zusatzdioden, wird auf der Luftansaugseite in den Generator eingebaut, um eine gute Kühlung zu gewährleisten (Bild 34, oben). Die Plus- und Minusdioden werden in ein Kühlblech aus Aluminium eingepreßt. Bei Generatorleistungen über 100 A werden je 2 Leistungsdioden parallel geschaltet. Die Schaltverbindungen sind in einer gespritzten Leiterplatte aus Thermoplast eingebettet, auf der auch das Erregerdiodentrio befestigt wird.

Die Leistungsdioden selbst bestehen aus einem Kupfersockel, auf dem bei 25 A ein quadratisches und bei 35 A ein sechseckiges Siliziumplättchen und der Kopfdraht aufgelötet werden (Bild 34, unten). Die Diode wird anschließend mit einer heißaushärtenden Masse vergossen. Es werden Gehäusetemperaturen bis 175 °C zugelassen, das entspricht Junction-Temperaturen von 200 °C. Die Flußspannung

beträgt < 1,2 V, die Sperrspannung $\gtrsim$ 350 V.
Die 6pulsige Brückenschaltung erzeugt am Gleichrichterausgang eine Gleichspannung, die dem 2,34-fachen Effektivwert der Phasenspannung entspricht (Bild 35). Zu beachten ist, daß der Strangstrom bei ohmscher Belastung, wie es das Kraftfahrzeug-Bordnetz darstellt, keinen sinusförmigen Verlauf hat. Die Fourier-Analyse liefert einen Effektivwert, der dem 0,781-fachen Gleichrichtwert entspricht.

Bild 35: Synchrongenerator mit Drehstrombrücke und Widerstand.

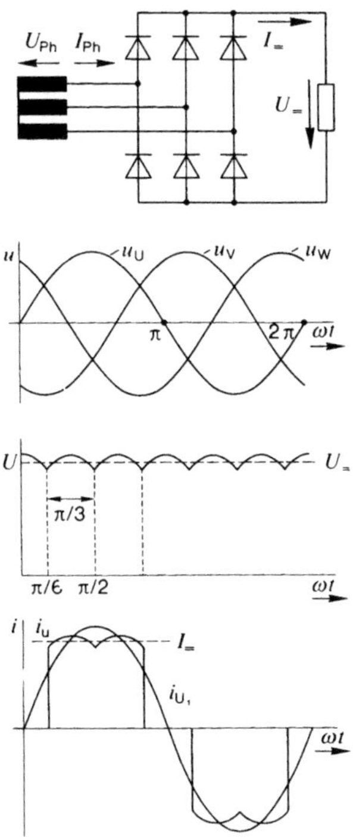

Drehstromgenerator

6pulsige Brückenschaltung

Regelung auf $U_= = 14$ V

Bordnetz: rein ohmsche Last

Zeitlicher Verlauf der Strangspannungen:

$$u_U = \sqrt{2}\,U \cdot \sin \omega t$$
$$u_V = \sqrt{2}\,U \cdot \sin\left(\omega t - \frac{2\pi}{3}\right)$$
$$u_W = \sqrt{2}\,U \cdot \sin\left(\omega t - \frac{4\pi}{3}\right)$$

Gleichgerichtete Spannung (Mittelwert):

$$U_= = \frac{1}{\pi/3} \int_{\pi/6}^{\pi/2} \sqrt{2}\,U_{Ph}\left[\sin \omega t - \sin\left(\omega t - \frac{2\pi}{3}\right)\right] \mathrm{d}\omega t$$
$$= \frac{3}{\pi} \cdot \sqrt{3} \cdot \sqrt{2}\,U_{Ph} = 2{,}34\ U_{Ph} = 1{,}65 \cdot \sqrt{2}\,U_{Ph}$$

Strom im Bordnetz

$$I_= = \frac{U_=}{R} = \frac{3}{\pi} \cdot \sqrt{3} \cdot \sqrt{2}\,\frac{U_{Ph}}{R}$$

Strom i_u (t) aus Fourieranalyse in einem Strang des Generators

$$i_u(t) = \frac{\sqrt{2}\,U_{Ph}}{R}\left[\left(1 + \frac{3\sqrt{3}}{2\pi}\right)\sin \omega t - \frac{\sqrt{3}}{2\pi} \cdot \frac{3}{2} \sin 5\,\omega t - \frac{\sqrt{3}}{2\pi} \cdot \frac{3}{4} \sin 7\,\omega t\right.$$
$$\left. + \frac{\sqrt{3}}{2\pi} \cdot \frac{3}{5} \sin 11\,\omega t + \frac{\sqrt{3}}{2\pi} \cdot \frac{3}{7} \sin 13\,\omega t \;-\;-\;+\;+\;\ldots\right]$$

Effektivwert der Grundschwingung des Strangstromes im Generator, der durch den Gleichstrom im Bordnetz hervorgerufen wird:

$$\frac{I_{Ph}}{I_=} = \frac{U_{Ph}/R \cdot (1 + 3\sqrt{3}/2\pi)}{3/\pi \cdot \sqrt{3} \cdot \sqrt{2}\,U_{Ph}/R} = \frac{1{,}83\ U_{Ph}/R}{2{,}34\ U_{Ph}/R} = \frac{1}{1{,}28} = 0{,}78$$

Maßnahmen zur Leistungssteigerung

Neue elektrische Verbraucher zur Verbesserung von Verbrennung und Abgas sowie zur Erhöhung des Komforts führen dazu, daß der elektrische Leistungsbedarf im Kraftfahrzeug ständig zunimmt. Außerdem müssen künftig abgesenkte Leerlaufdrehzahlen berücksichtigt werden. Eine Erhöhung der Generatorleistung ist daher notwendig. Wenn aber Bauraum und Gewicht nicht in gleichem Maße wie die Stromabgabe gesteigert werden sollen, müssen die elektrische, magnetische und thermische Ausnutzung des Generators gesteigert werden. Folgende Maßnahmen sind hierzu erforderlich.

Optimierung des magnetischen Kreises

Voraussetzung für die Feinoptimierung des magnetischen Kreises von Klauenpolgeneratoren, insbesondere der Klauengeometrie, zur Reduzierung des Erregerbedarfs und der Streuung ist ein genaues Rechenprogramm (Bild 36).

Bei den klassischen Berechnungsverfahren wird der Verlauf des magnetischen Flusses als bekannt vorausgesetzt, um die notwendige Durchflutung zu ermitteln. Diese Annahme wird um so willkürlicher, je größer die Eisensättigung und je stärker die Feldverzerrung mit wachsender Ausnutzung der Maschine werden. Insbesondere bei dreidimensionalen Strukturen mit großer Streuung, wie z.B. Klauenpolmaschinen, liefern klassische

Bild 36: Dreidimensionale numerische Feldberechnung für Klauenpolgenerator N1 14V 80A im Leerlauf.
Feldverlauf (B_R-Feldkomponente im Luftspalt).

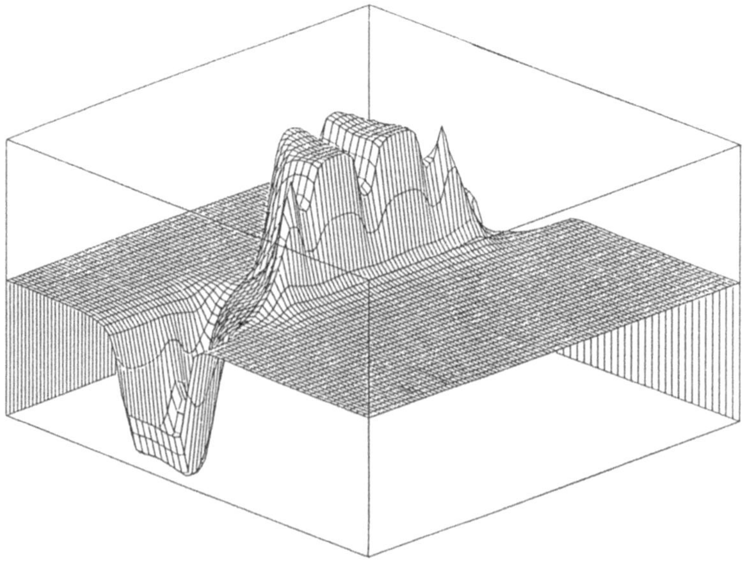

Berechnungsverfahren nur ungenaue Ergebnisse.
Anders dagegen bei der Methode der numerischen Feldberechnung, bei der das magnetische Feld direkt über die Maxwellschen Gleichungen aus der räumlichen Verteilung seiner erregenden Ströme berechnet wird. Hierfür gibt es heute Rechenprogramme, die nach der Methode der finiten Differenzen oder finiten Elemente auf Großrechenanlagen appliziert werden.
Mit dem PROFI-Rechenprogramm wurde das Magnetfeld eines Klauenpolgenerators bei Leerlauf berechnet. Im Bild 36 ist die dreidimensionale Darstellung der Radialkomponente der Luftspaltinduktion bei Nennerregung im Leerlauf gezeigt. Man sieht, der Feldverlauf ist sehr zerklüftet. Zur Zeit wird an der Berechnung von Lastfällen gearbeitet. Die Ständerströme und der Lastwinkel ψ müssen für die Rechnung vorgegeben werden.

Wickeltechnik

Der Einfluß der Wickeltechnik auf die Generatorleistung ist beträchtlich. Indem statt der einlagigen Wellenwicklung die sogenannte verteilte Wellenwicklung angewendet wird, kann der Kupferfüllfaktor von knapp 30% auf bis zu 35% angehoben werden (Bild 37). Dabei wird die halbe Windungszahl eines Stranges als Welle vorwärts und die andere Hälfte als Welle rückwärts gewickelt. Dadurch werden die Wickelköpfe auf zwei Lagen verteilt und zusätzliche An-

Bild 37: Wickelverfahren: Wellenwicklung.
a) Einlagige Welle, b) verteilte Welle.

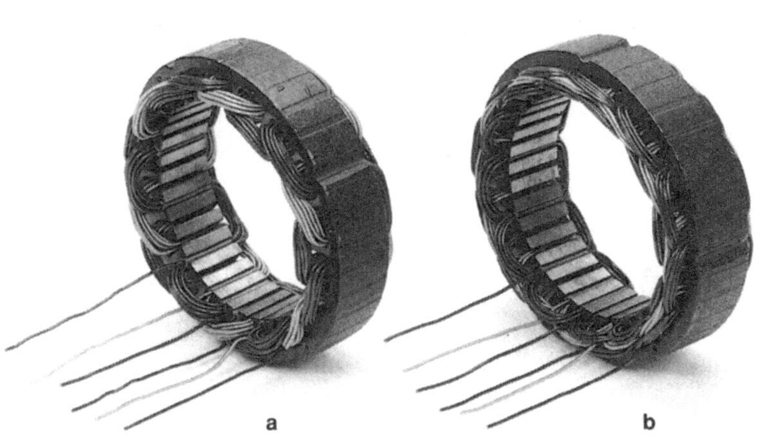

schlüsse vermieden. Mit diesem verbesserten Wickelverfahren konnte die Leistung unserer Generatoren erheblich gesteigert werden.
Heute üblich und in Großserie darstellbar sind Einschichtwicklungen. Sie werden im allgemeinen in hochautomatisierten Wickelmaschinen Draht für Draht über Wickeldüsen in die Ständernuten eingewickelt. Neuerdings sind Einziehverfahren in Entwicklung (Bild 38). Sie kommen erstmalig beim Kompaktgenerator zum Einsatz. Hierbei werden alle Spulen eines Stranges auf Schablone gewickelt und unter Einsatz von Führungshilfen gleichzeitig in die Nuten des Ständers eingezogen. Die Vorteile sind noch höhere Leistungen durch Nutfüllfaktoren von nahezu 40% und drahtschonendes Einbringen der Wicklung. Zweischichtwicklungen, wie sie für größere elektrische Maschinen verwendet werden, sind bis heute in Großserie nicht darstellbar.

Einfluß der Erregerwindungszahl

Eine Erhöhung der Erregerdurchflutung durch Reduktion des Feldwiderstandes in Verbindung mit einer verstärkten Spannungsreglerendstufe trägt direkt zur Leistungssteigerung bei.
Das Bild zeigt den Längsschnitt eines Klauenpolsystems (Bild 39). Aus den Gleichungen für Durchflutung, Erregerstrom, Feldwiderstand und mittlerer Windungslänge folgt, daß die Erreger-

Bild 38: Ständerwicklung-Einziehtechnik für Kompaktgenerator.

Bild 39: Einfluß der Erregerwindungszahl.

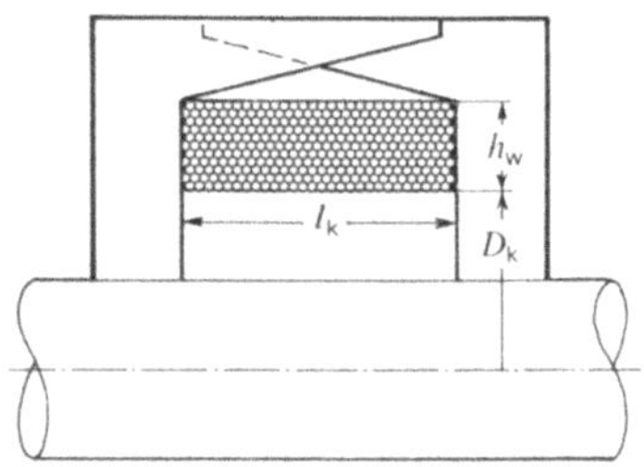

$$\Theta_F = w_F \, I_F$$

$$I_F = \frac{U_F}{R_F}$$

$$R_F = \frac{\varrho \cdot w_F \cdot l_m}{q_L}$$

$$l_m = \pi \cdot (D_K + h_w)$$

$$\Theta_F = \frac{U_F \cdot q_L}{\varrho \cdot \pi (D_K + h_w)} \sim q_L$$

Die Erregerdurchflutung ist proportional q_L unabhängig von w_F,

$$w_F \cdot q_L = l_k \cdot h_w \cdot k_{cu}$$

$$V_F = U_F \cdot I_F = \frac{U_F^2}{R_F}$$

$$= \frac{U_F^2 \cdot q_L}{\varrho \cdot w_F \cdot \pi (D_K + h_w)}$$

$$= \frac{U_F^2 \cdot l_k \cdot h_w \cdot k_{cu}}{\varrho \cdot w_F^2 \cdot \pi \cdot (D_K + h_w)} \sim \frac{1}{w_F^2}$$

aber der Erregerstrom und damit die Erregerverluste steigen quadratisch mit abnehmender Windungszahl.

durchflutung nur proportional dem Leiterquerschnitt und unabhängig von der Windungszahl der Erregerwicklung ist. D.h. je größer der Leiterquerschnitt gewählt wird, desto größer ist auch die Erregerdurchflutung und damit die Luftspaltinduktion und die abgegebene Leistung.

Betrachtet man aber den Erregerstrom bzw. die Erregerverluste und berücksichtigt, daß nur ein bestimmter Wickelraum mit begrenztem Kupferfüllfaktor zur Verfügung steht, erkennt man, daß der Erregerstrom und damit auch die Erregerverluste quadratisch mit abnehmender Windungszahl ansteigen. Mit Rücksicht auf die Erwärmung der Erregerwicklung und die Leistungsfähigkeit der Spannungsreglerendstufe sind der Reduzierung der Erregerwindungszahl zugunsten eines größeren Leiterquerschnittes zur Erhöhung der Erregerdurchflutung damit Grenzen gesetzt.

Anwendung von Zusatzdioden

Durch die Anwendung von Zusatzdioden zwischen Sternpunkt und Plus- und Minusanschlüssen (Bild 40, oben) werden auch die dritten Oberschwingungen in der induzierten Spannung zur Leistungssteigerung genutzt.

Die von den Ständerströmen in der dreiphasigen Ständerwicklung erzeugte Drehdurchflutung besteht aus der Grundwelle und Oberwellen der Ordnungszahl $6g+1$ (Bild 41). Die Drehgeschwindigkeit der Oberwellen beträgt das $1/(6g+1)$-fache der Grundwelle. Demzufolge ändert sich die Form der Gesamtdurchflutung periodisch mit der Zeit. Die durch die Oberwellen in der Ständerwicklung induzierten Spannungen haben unabhängig von ihrer Ordnungszahl jedoch die Grundfrequenz f. Die Addition aller vom Ständerfeld im Ständer induzierten Spannungen im Sternpunkt liefert die Summe Null. Die Oberwellen der Ständerwicklung leisten also keinen Beitrag zur Spannungsbildung. Ihre Wirkung wird in der Oberwellenstreuung berücksichtigt.

Bild 40: Anwendung von Zusatzdioden.
a) Schaltung, b) Generatorkennlinie.

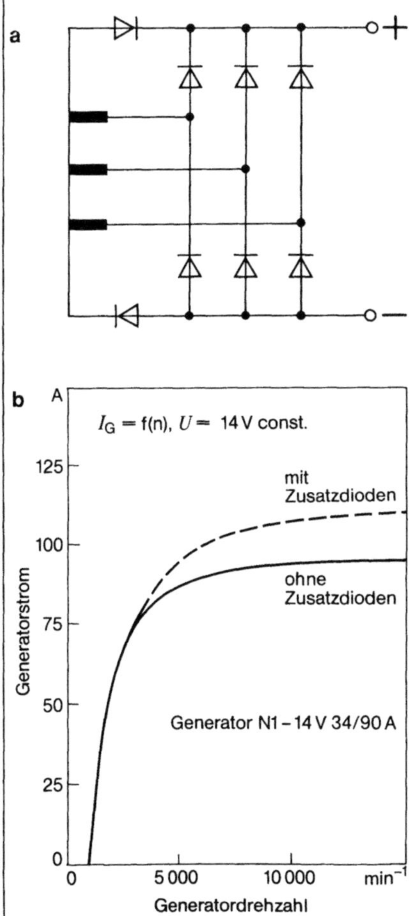

Die Drehdurchflutung des Läuferfeldes kann ebenfalls durch eine Fourier-Reihe dargestellt werden (Bild 42). Es treten alle positiven ungeraden Ordnungszahlen $(2g-1)$ auf. Wesentlich ist, daß bei der Drehung des Läufers das Feld in seiner geometrischen Form unverändert fortbewegt wird. Dies bedeutet, daß sämtliche Einzelwellen mit derselben Drehgeschwindigkeit wie die Grundwelle laufen. Sie induzieren daher in der Ständerwicklung Spannungen mit der Frequenz $(2g-1)\cdot f$. Die Addition aller vom Läuferfeld in der Ständerwicklung induzierten Spannungen im Sternpunkt liefert eine von Null verschiedene Summe. Die Grundschwingung und alle nicht durch drei teilbaren Oberschwin-

Bild 41: Ständerdrehfeld.

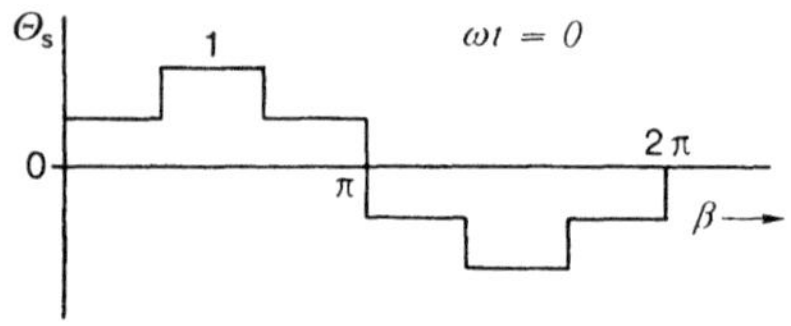

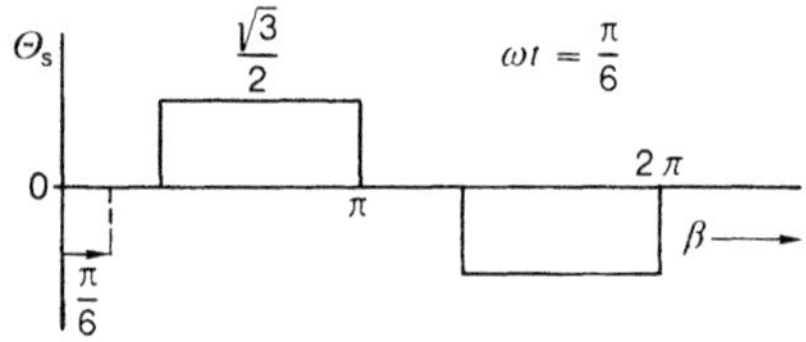

Ständerdrehdurchflutung

$$\Theta_s(\beta,t) = \frac{3}{2}\cdot\frac{4}{\pi}\cdot\frac{w_s}{p}\cdot\sqrt{2}\cdot I_s\cdot\sum_{g=-\infty}^{+\infty}\frac{\xi_{(6g+1)}}{(6g+1)}\cdot\sin[(6g+1)\beta-\omega_1 t]$$

wobei $\beta = p\cdot\alpha$ elektrischer Winkel

Ständerdrehfeld

$$B_s(\beta,t) = \frac{\mu_0}{2\delta''}\cdot\Theta_s(\beta,t)$$

Drehgeschwindigkeit der Grundwelle

$$\upsilon_1 = \pi\cdot D\cdot n_1 = \pi\cdot D\cdot\frac{f_1}{p} = \frac{D}{2p}\cdot\omega_1$$

Drehgeschwindigkeit der Oberwellen

$$\upsilon_{(6g+1)} = \frac{\upsilon_1}{(6g+1)}$$

Im Ständer induzierte Spannung

$$u_{i(6g+1)} = 2w_s\cdot\xi_{(6g+1)}\cdot l\cdot\upsilon_{(6g+1)}\cdot B_{(6g+1)}(\beta,t)$$

$$= \frac{\sqrt{2}\,U_{i1}}{(6g+1)^2}\cdot\left(\frac{\xi_{(6g+1)}}{\xi_1}\right)^2\cdot\sin[(6g+1)\beta-\omega_1 t]$$

$$U_{i1} = 2w_s\cdot\xi_1\cdot l\cdot\upsilon_1\cdot\frac{\mu_0}{2\delta''}\cdot\frac{3}{2}\cdot\frac{4}{\pi}\cdot\frac{w_s\cdot\xi_1}{p}\cdot I_s$$

Frequenz der im Ständer induzierten Spannungen

$$f_{(6g+1)} = f_1$$

Summe aller durch Ständeroberwellen in der Ständerwicklung induzierten Spannungen im Sternpunkt

$$u_{iu} = \sqrt{2}\,U_{i1}\sum_{g=-\infty}^{+\infty}\left(\frac{\xi_{(6g+1)}}{\xi_1}\right)^2\cdot\frac{\sin[(6g+1)\cdot 0-\omega_1 t]}{(6g+1)^2}$$

$$u_{iv} = \sqrt{2}\,U_{i1}\sum_{g=-\infty}^{+\infty}\left(\frac{\xi_{(6g+1)}}{\xi_1}\right)^2\cdot\frac{\sin[(6g+1)\cdot 2\pi/3-\omega_1 t]}{(6g+1)^2}$$

$$u_{iw} = \sqrt{2}\,U_{i1}\sum_{g=-\infty}^{+\infty}\left(\frac{\xi_{(6g+1)}}{\xi_1}\right)^2\cdot\frac{\sin[(6g+1)\cdot 4\pi/3-\omega_1 t]}{(6g+1)^2}$$

$$\sum u_i = u_{iu} + u_{iv} + u_{iw} = 0$$

gungen heben sich auf, wogegen sich alle durch drei teilbaren Oberschwingungen addieren.
Durch Zusatzdioden zwischen Sternpunkt und Plus- und Minusanschlüssen kann somit durch die Oberwellen des Läuferfeldes ein Beitrag zur Spannungsbildung geleistet werden, insbesondere durch die dritte Oberschwingung. Bei niedrigen Frequenzen ist der Leistungszuwachs praktisch vernachlässigbar, bei hohen Frequenzen ergeben sich deutliche Leistungsgewinne von 5%...15%, je nach Oberwellengehalt des Läuferfeldes (Bild 40, unten). Zusatzdioden erhöhen allerdings auch die Welligkeit der Generatorspannung.

Bild 42: Läuferdrehfeld.

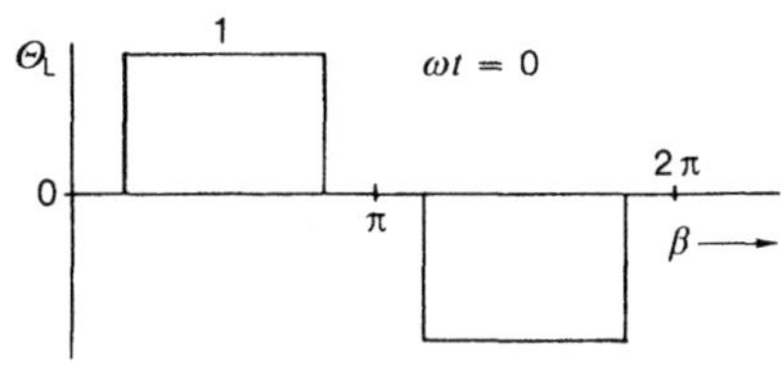

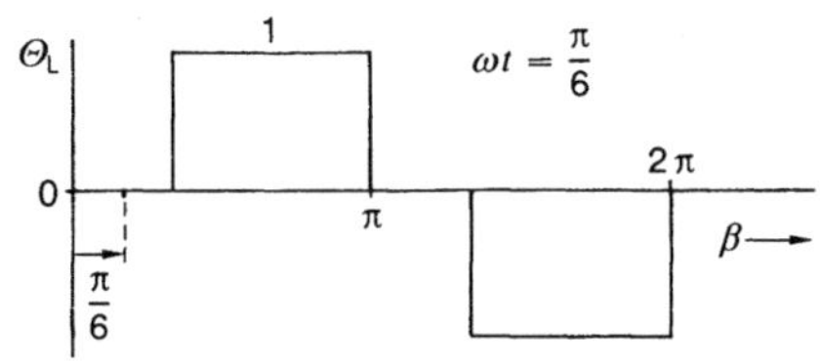

Läuferdrehdurchflutung

$$\Theta_L(\beta,t) = \frac{4}{\pi} w_F \cdot I_F \cdot \sum \frac{\sin[(2g-1)\cdot(\beta-\omega_1 t)]}{(2g-1)}$$

wobei $\beta = p \cdot \alpha$ elektrischer Winkel

Läuferdrehfeld

$$B_L(\beta,t) = \frac{\mu_0}{2\delta''} \cdot \Theta_F(\beta,t)$$

Drehgeschwindigkeit der Grundwelle

$$\upsilon_1 = \pi \cdot D \cdot n_1 = \pi \cdot D \cdot \frac{f_1}{p} = \frac{D}{2p} \cdot \omega_1$$

Drehgeschwindigkeit der Oberwellen

$$\upsilon_{(2g-1)} = \upsilon_1$$

Im Ständer induzierte Spannung

$$u_{i(2g-1)} = 2 \cdot w_S \cdot \xi_{(2g-1)} \cdot l \cdot \upsilon_{(2g-1)} \cdot B_{(2g-1)}(\beta,t) =$$

$$= \frac{\sqrt{2}\,U_{i1}}{(2g-1)} \cdot \frac{\xi_{(2g-1)}}{\xi_1} \cdot \sin[(2g-1)\cdot(\beta-\omega_1 t)]$$

$$U_{i1} = 2 w_S \cdot \xi_1 \cdot l \cdot \upsilon_1 \cdot \frac{\mu_0}{2\delta''} \cdot \frac{4}{\pi} \cdot \frac{w_F \cdot I_F}{\sqrt{2}}$$

Frequenz der im Ständer induzierten Spannungen

$$f_{(2g-1)} = (2g-1) \cdot f_1$$

Summe aller durch Läuferoberwellen in der Ständerwicklung induzierten Spannungen im Sternpunkt

$$u_{iu} = \sqrt{2}\,U_{i1} \cdot \sum_{g=1}^{\infty} \frac{\xi_{(2g-1)}}{\xi_1} \cdot \frac{\sin[(2g-1)\cdot(0-\omega_1 t)]}{(2g-1)}$$

$$u_{iv} = \sqrt{2}\,U_{i1} \cdot \sum_{g=1}^{\infty} \frac{\xi_{(2g-1)}}{\xi_1} \cdot \frac{\sin[(2g-1)\cdot(2\pi/3-\omega_1 t)]}{(2g-1)}$$

$$u_{iw} = \sqrt{2}\,U_{i1} \cdot \sum_{g=1}^{\infty} \frac{\xi_{(2g-1)}}{\xi_1} \cdot \frac{\sin[(2g-1)\cdot(4\pi/3-\omega_1 t)]}{(2g-1)}$$

$$\sum u_i = u_{iu} + u_{iv} + u_{iw}$$

$$= -\sqrt{2}\,U_{i1} \cdot \sum_{g=1}^{\infty} \frac{\xi_{3\cdot(2g-1)}}{\xi_1} \cdot \frac{\sin[3\cdot(2g-1)\cdot\omega_1 t]}{3\cdot(2g-1)}$$

Maßnahmen zur Geräuschabsenkung

Mit zunehmend leiser werdenden Fahrzeugen gewinnt auch das Thema Geräuschabsenkung bei Generatoren mehr und mehr an Bedeutung.

Wenn man die Geräuschursachen bei Generatoren analysiert, muß man generell unterscheiden zwischen dem mechanisch und magnetisch angeregten Geräusch.

Beim mechanischen Geräusch gibt es das Lüfter-, Kälte- und Kugellagergeräusch.

Das aerodynamische Lüftergeräusch tritt erst ab Generatordrehzahlen über 3000 min^{-1} auf. Es hängt im wesentlichen ab vom Durchmesser des Lüfters.

Abhilfe:

- Kleinerer Lüfter, damit verbunden jedoch höhere Temperaturbelastung,
- drehzahlbegrenzter Lüfter,
- asymmetrische Schaufelteilung (Serienstand).

Das Kältegeräusch wird verursacht durch Reibschwingungen im Kugellager bei tiefen Temperaturen. Abhilfe:

- Verwendung verbesserter Fette, die auch bei tiefen Temperaturen weich bleiben (Serienstand).

Kugellagergeräusch kann durch Störungen in der Laufgeometrie auftreten.

Abhilfe:

- Sorgfältige Montage (Serienstand),
- Verwendung von beidseitig abgedichteten 2RS-Kugellagern.

Das magnetisch angeregte Geräusch wird verursacht durch magnetische Kräfte im Luftspalt und tritt schon bei Drehzahlen um 3000 min^{-1} auf. Hier spielen geometrische Unsymmetrien in der Ständerrundheit und die Läuferexzentrizität ebenso eine Rolle wie magnetische Unsymmetrien durch Ständernutung und Klauenkanten. Um Abhilfemaßnahmen gezielt anwenden zu können, muß man zwischen axialer und radialer Abstrahlrichtung unterscheiden und ebenso den Einfluß der Generatoranbaustelle berücksichtigen.

Die axiale Abstrahlung hat ihre Ursache vorwiegend in einer Torsionsanregung des Federmassesystems Polrad-Welle-Lüfter + Riemenscheibe. Die Welle wirkt als Torsionsfeder, der Lüfter strahlt über Mikroschwingungen der Schaufeln Geräusch ab.

Abhilfe:

- Verstimmung des Torsions-Resonanzsystems durch dünnere Welle und größere Masse, meist nicht möglich bzw. nicht sinnvoll.
- Entkopplung des Lüfters durch Dämpfungsscheiben aus Gummi.

Das radiale Geräusch wird verursacht durch Radialkraftwellen verschiedener Ordnungszahl infolge geometrischer oder magnetischer Unsymmetrien im Ständer-Läufersystem. Die Abstrahlung erfolgt direkt vom Ständer und den angekoppelten Gehäuseteilen.

Abhilfe:

- Reduzierung der Anregung durch genauere Geometrie (Serienstand).
- Verringerung der magnetischen Kräfte durch größeren Luftspalt und Abhebungen an den Klauen. Hiermit verbunden sind Leistungseinbußen im gesamten Drehzahlbereich.
- Reduzierung des Abstrahlgrades z.B. durch Schlitze im Gehäuse (Kompaktgenerator).

Der Einfluß der Generatoranbaustelle am Motor darf nicht unterschätzt werden. Der Halter wird über Körperschall angeregt und beeinflußt entscheidend das Schwingungsverhalten des Generators. Ganz unterbunden werden

Bild 43: Feldverteilung.
a) Feldbild ohne Klauenabhebung, b) Feldbild mit Klauenabhebung.

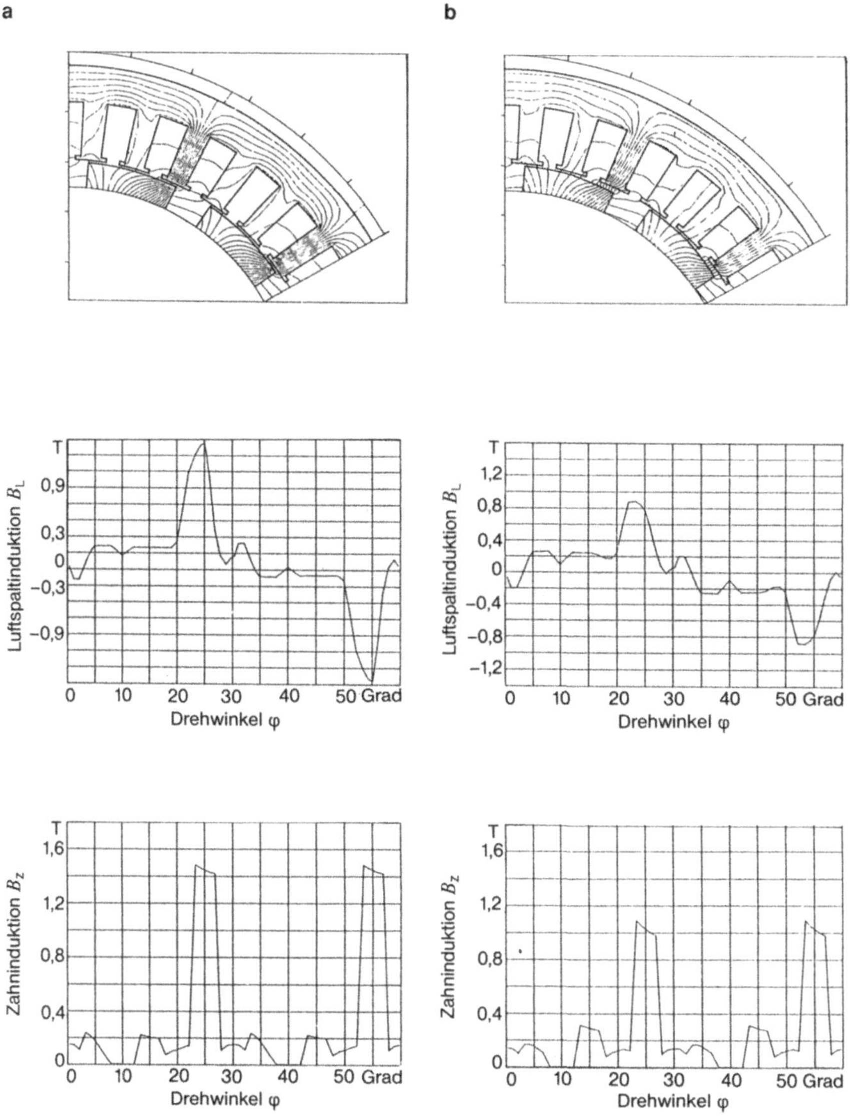

kann diese Kopplung nur durch eine elastische Generatorbefestigung.
Eine der effektivsten Maßnahmen zur Verringerung des durch Radialkraftwellen verursachten magnetischen Geräusches ist die Klauenabhebung, gegebenenfalls in Verbindung mit einer Luftspaltvergrößerung. Im Bild ist der berechnete Verlauf des magnetischen Feldes über eine doppelte Polteilung, die Luftspaltinduktion und die Zahninduktion dargestellt (Bild 43), links ohne Abhebung, rechts mit Abhebung. Durch die Ankerrückwirkung der Ständerströme bei elektrischer Belastung des Generators erfolgt eine starke Feldverzerrung im Luftspalt. Bei Generatorbetrieb wird an der auflaufenden Kante das Feld geschwächt und an der ablaufenden Kante verstärkt. Durch gezielte Abhebungen an den ablaufenden Polkanten können die Induktionsspitzen, die für die Kraftbildung und damit für das magnetische Geräusch verantwortlich sind, abgebaut werden. Mit dieser Maßnahme lassen sich Geräuschreduzierungen in der Größenordnung von 10 dB erreichen, wenn die Form der Abhebungen ausreichend optimiert wird. Allerdings ist diese Maßnahme der Geräuschabsenkung mit einer Leistungseinbuße verbunden, die je nach Betriebsdrehzahl und Verwendung von Zusatzdioden unterschiedlich ausfällt und durch Mehraufwand in der elektrischen Auslegung wieder kompensiert werden muß.

Baureihe Pkw-Generatoren

Leistungsgesteigerte Generatoren in Topfbauart K 1, N 1

Die bestehende Generatorbaureihe in Topfbauart (Bild 44) wurde durch folgende Maßnahmen in der Leistung gesteigert:
– Vergrößerung des aktiven Läufer- und Ständerdurchmessers sowie Vergrößerung der aktiven Eisenlänge,

Baugröße		K1	N1
Nennstrom (14 V, 6000 min^{-1})	A	45...85	80...140
Ständer-∅	mm	125	138 und 142
Gewicht	kg	4,1...4,7	5,3...6,5

Bild 44: Generatorenprogramm für Pkw.
Typenreihe K1, N1.

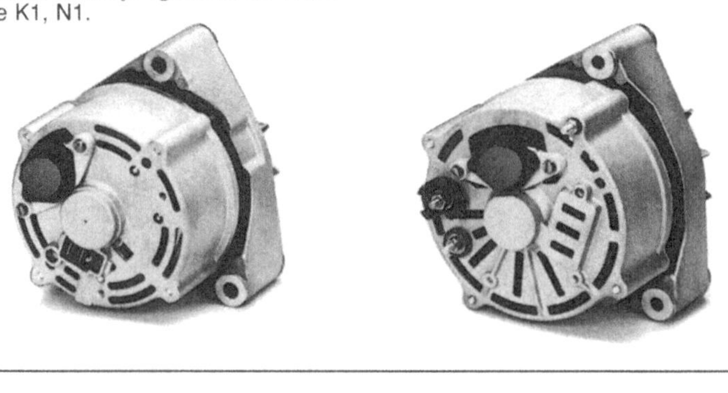

– verteilte Wellenwicklung,
– 2,6-Ohm-Feld und verstärkte Spannungsreglerendstufe,
– Zusatzdioden.

Besonderer Wert wurde auf eine möglichst hohe Stromabgabe bei Motorleerlaufdrehzahl gelegt, dies entspricht etwa 1500...2000 Umdrehungen des Generators.

Das Generatorprogramm für Pkw baut auf zwei Grundtypen, K1 und N1, auf, es besteht ein Baukastenprinzip. Für alle Generatortypen wird derselbe Anbauhybridspannungsregler verwendet. Luftansaugung bei höheren Motorraumtemperaturen als 80 °C ist insbesondere bei den leistungsstärkeren Generatoren erforderlich.

Kompaktgeneratoren GK, KK, NK

Zur Erfüllung künftiger noch höherer Anforderungen des Marktes wurde in einem weiteren Entwicklungsschritt der Kompaktgenerator konzipiert.

Die wesentlichen konstruktiven Merkmale des Kompaktgenerators sind (Bild 45):

– Zweiflutige Belüftung durch zwei kleine innenliegende, am Polrad befestigte Lüfter.
– Ständerbefestigung durch Mittellamelle, Zentrierung über A- und B-Lagerschild.
– Ständerwickeltechnik mit erhöhtem Nutfüllfaktor.
– Klauenpole mit optimierter Geometrie und Abhebung, beide Klauenpole auf der Welle verstemmt.
– Resicoatierter Gleichrichter in Sandwichbauweise mit Zenerleistungsdioden und Zusatzdioden.
– Kleine außenliegende Schleifringe.
– Köcherbürstenhalter mit Monolithspannungsregler.
– B-Lagerschild mit Kunststoffkappe.
– A-Lager einrolliert, B-Lager mit Kunststoffbuchse, beide Lager mit wärmefesteren Leichtlaufdichtungen.

Bild 45: Kompaktgenerator KK 14V 90A.

Durch neue konstruktive Wege und Fertigungstechnologien konnten im Vergleich zum Serientopfgenerator weitere Fortschritte erreicht werden in bezug auf höhere Leistung bzw. kleineres Gewicht und geringeres Geräusch. Die angestrebten Funktionsverbesserungen hinsichtlich Lebensdauer (Lager und Bürsten), Schwingungsfestigkeit, Maximaldrehzahl, Temperaturbeständigkeit und Korrosion wurden durch entsprechende Erprobungsprogramme in Labor und Praxis abgesichert.

Die neue Baureihe Kompaktgeneratoren umfaßt drei Baugrößen mit den folgenden Haupttypen (Tabelle unten):

- GK 50 A, 60 A,
- KK 70 A, 80 A, 90 A,
- NK 100 A, 120 A, 140 A.

Die Höchstdrehzahl beträgt 20000 min^{-1}. Alle Angaben beziehen sich auf eine Einschaltdrehzahl von 1000 min^{-1}. Mit höherer Einschaltdrehzahl können noch höhere Leistungen erreicht werden. Durch entsprechende Wicklungsauslegung ist die Baureihe auch auf Zwischengrößen erweiterbar.

Im Diagramm (Bild 46) ist das Leistungsgewicht der Größen G, K und N bisher und künftig einander gegenübergestellt. Der Vergleich zum Topfgenerator ohne leistungssteigernde Maßnahmen zeigt, daß bei der Kompaktgeneratorbaureihe die spezifische Leistung bis zu 20% erhöht wurde. Dies bedeutet, daß künftig in vielen Anwendungsfällen leichtere Generatoren eingesetzt werden können. Darüber hinaus sind

Bild 46: Baureihe Kompaktgenerator.

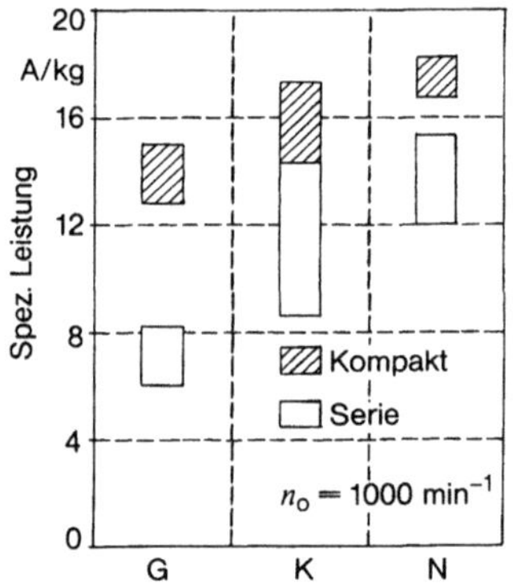

Baureihe für Pkw			
Typ	Nennströme bei 1800/6000 min^{-1} A	Ständer-∅ D_i/D_a mm/mm	Gewicht mit Riemenscheibe kg
GK – 14 V	27/50	86/114	4,1
	25/60		4,1
KK – 14 V	40/70	94/125	4,9
	40/80		5,4
	40/90		5,4
NK – 14 V	45/100	104/142	6,0
	50/120		6,6
	40/140		6,7
Einschaltdrehzahl:	1000 min^{-1}		
Höchstdrehzahl:	20000 min^{-1}		

bei Ausnutzung der höheren Maximaldrehzahl des Kompaktgenerators weitere Leistungssteigerungen möglich.

Baureihe Nkw-Generatoren

Generatoren in Topfbauart K1, N1, T1 in 14-V- und 28-V-Ausführung

Nutzfahrzeuggeneratoren unterscheiden sich von Pkw-Generatoren im wesentlichen durch die in den meisten Anwendungsfällen verwendete höhere Generatorspannung (28 V) sowie durch konstruktive Maßnahmen zur Erhöhung der Generatorlebensdauer. Die Baureihe ist im Bild dargestellt (Bild 47).

Die Maßnahmen für erhöhte Laufleistungen umfassen im einzelnen folgende Baugruppen/Bauteile (Bild 48, links):

– Verbesserte Lager:
höhere Tragzahl, verbesserte Dichtungen, höhere Fettgebrauchsdauer.

Bild 47: Generatorenprogramm für Nkw.
Typenreihe K1, N1, N3, T1, DT1.

Bild 48: Vergleich 14-V-Nkw- zu L-Baureihe.
a) Nkw-Baureihe, b) L-Baureihe.

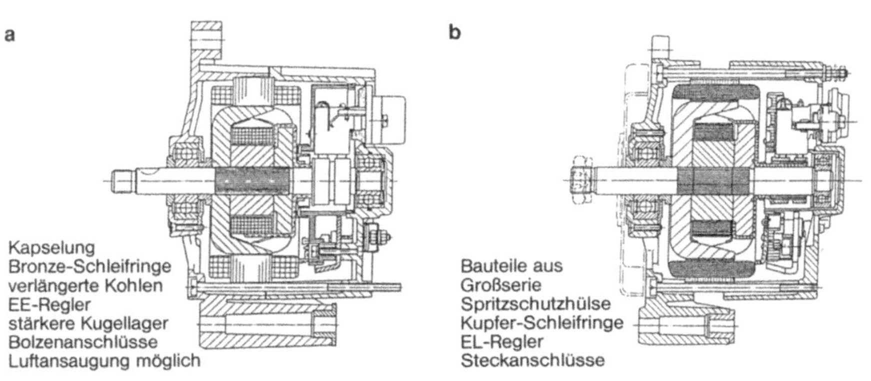

– Optimiertes Schleifringsystem: Staubgeschützter Schleifringraum, erhöhte Bürstenstandzeit.
– Korrosionsschutz: Potentialführende Teile kunstharzbeschichtet, Wasserablaufkanäle, Kühlkanäle.
– Erhöhte Schüttelfestigkeit: Gleichrichter, B-Lagersitz mit Kunststoffbuchse.
– Vergrößerte Spannungsfestigkeit: bis 350 V für Dioden und Spannungsregler.
Andererseits gewinnt die neuentwickelte Leichtbaureihe zunehmend an Bedeutung (Bild 48, rechts).
Wesentliches Merkmal ist die überwiegende Verwendung von Pkw-Großserienbauteilen:
– Spritzschutzhülse,
– Kupferschleifringe,
– Hybridspannungsregler,
– Steckanschlüsse.

Dadurch liegen zwar Lebensdauer und Beständigkeit der Leichtbaureihe gegen Staub und Korrosion zunächst unter dem Niveau der Nkw-Ausführung, genügen jedoch in bestimmten Anwendungsfällen den gestellten Anforderungen.
Wie bei den Pkw-Generatoren erfolgt auch bei den Nkw-Generatoren eine Vergrößerung des Ständerinnendurchmessers und der Eisenlänge. Dadurch ergeben sich erhebliche Leistungssteigerungen (Tabelle, unten).
K1-Generatoren erreichen jetzt bei 14 V 95 A und bei 28 V 50 A, N1-Generatoren bei 14 V 130 A und bei 28 V 80 A. Auch die T1-Größe wurde in ihrer Leistung auf 135 A bei 28 V gesteigert. Durch Optimierung der Klauenform und durch Neuauslegung der Ständer- und Läuferwicklung konnte eine leistungsstärkere

Leistungssteigerung Nkw-Generatoren

Typ			bisher	künftig
K1	D_i/D_a	mm/mm	89/125	94/125
	l_E	mm	25	27
	I bei 14 V	A	23/65	20/95 30/85
	I bei 28 V	A	8/45	10/50 14/45
N1	D_i/D_a	mm/mm	101/138	104/142
	l_E	mm	25	30
	I bei 14 V	A	29/90	25/130 40/110
	I bei 28 V	A	10/55	10/80 15/70 20/65
T1	D_i/D_a	mm/mm		126/166
	l_E	mm		45
	I bei 28 V	A	65/120	65/135

Ausführung mit gleichen Außenabmessungen erreicht werden.

Doppel-T1-Generator

Für den Einsatz in Bussen mit erhöhtem Strombedarf wurde der Doppel-T1-Generator 28V 180A entwickelt (Bild 49). Der grundsätzliche Aufbau wird durch folgende Baugruppen bestimmt:

- Läufer mit Doppel-Polrad und drehstromseitiger Verknüpfung der Ständerwicklungen,
- verstärktes Lager antriebsseitig,
- integrierter Spannungsregler,
- geschützter Schleifringraum,
- korrosionsgeschützt.

Insbesondere im Leerlaufbereich bei 1500 min^{-1} wird eine besonders hohe Stromabgabe von 110A erreicht.

Für noch höheren Leistungsbedarf bis 15 kW werden auch Generatoren in U-Größe hergestellt, auf die hier jedoch nicht näher eingegangen wird.

Schleifringlose Generatoren N3

Für Einsatzfälle mit besonders hohen Laufleistungen sind die schleifringlosen Generatoren N3 geeignet (Bild 50). Die Typenreihe umfaßt folgende Baugrößen:

- 14V 70A, 85A,
- 28V 35A, 55A.

Der Aufbau dieser Generatoren ist folgender:

- Leitstückläufer mit feststehender Erregerwicklung.
- Schleifringe und Kohlebürsten entfallen, dafür müssen zwei weitere Luftspalte in Kauf genommen werden, wodurch sich das Leistungsgewicht verschlechtert.
- Welle und Lager sind für besonders hohe Keilriemenlast ausgelegt.
- Der integrierte Spannungsregler ist spannungsfest und für batterielosen Betrieb geeignet.
- Hohe zulässige Umgebungstemperaturen und erhöhter Korrosionsschutz erweitern die Einsatzmöglichkeiten dieser Baureihe.

Bild 49: Doppel-T1-Generator DT1 28V 180A.

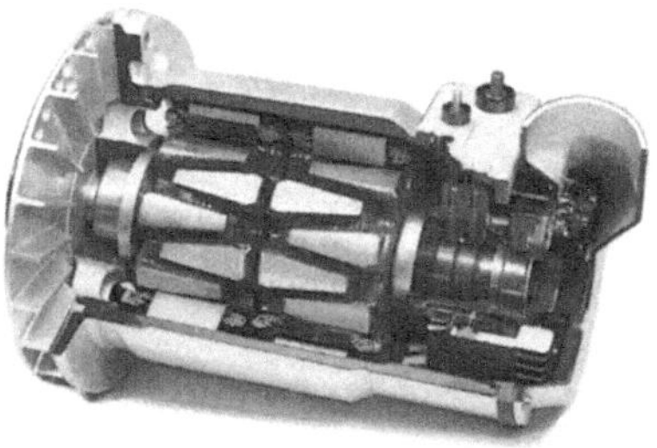

Bild 50: Schleifringloser Generator N3 14V 70...85A und 28V 35...55A.

Generator mit angebauter Vakuumpumpe

Bei Personenwagen und Leichttransportern mit Dieselmotoren ist für das System des Unterdruckbremskraftverstärkers eine Vakuumpumpe erforderlich. Diese Pumpen werden derzeit überwiegend am Motor angeflanscht und direkt oder mittels Keilriemen von der Nockenwelle angetrieben.

Als Alternative bietet sich an, die Vakuumpumpe mit dem Generator zu kombinieren (Bild 51). Dies könnte insbesondere bei neuen Motorenkonzepten konstruktive Vorteile bieten, da hierdurch getrennte Befestigung und Pumpenantrieb entfallen. Durch entsprechende Auslegung können auch mit Flügelzellenpumpen die für Generatorbetrieb hohen erforderlichen Drehzahlen beherrscht werden. Bild 52 zeigt eine solche Vakuumpumpe für Generatoranbau. Aus Wirkungsgradgründen werden nur zwei Flügel aus Hochleistungskunststoff verwendet. Die Vakuumpumpe ist auf dem verstärkten Schleifringlagerschild des Generators angebaut. Der Pumpenrotor wird über die verlängerte Generatorwelle gelagert und über eine Verzahnung angetrieben. Der Pumpenteil ist gegen den Generator durch einen Simmerring abgedichtet. Das Fördervolumen der Vakuumpumpe beträgt 30 cm^3 pro Umdrehung. Die Pumpe ist für eine Maximaldrehzahl von 15000 min^{-1} ausgelegt.

Bild 51: K1-Generator mit Vakuumpumpe.

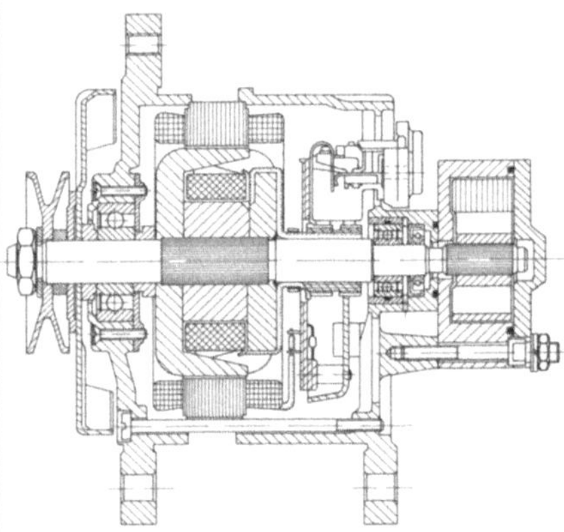

Bild 52: Vakuumpumpe (2 Flügel).

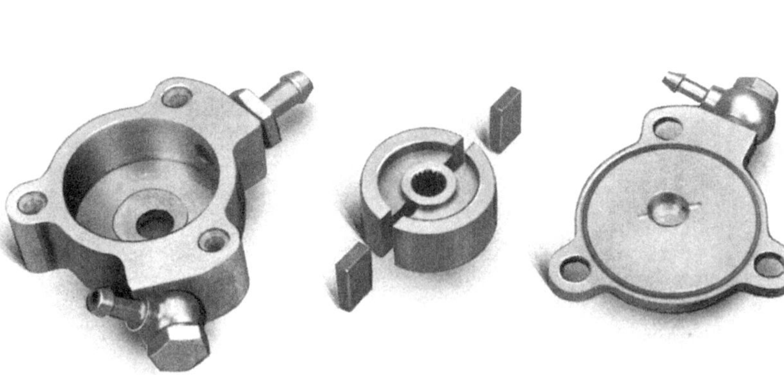

Heizgeneratoren

In zunehmendem Maße wird versucht, den elektrischen Strom auch im Kraftfahrzeug für Heizzwecke zu nutzen. Es handelt sich dabei allerdings nur um Kurzzeitbetrieb, um die Zeit der Warmlaufphase des Verbrennungsmotors zu überbrücken und die Heizung durch das Motorkühlwasser zu unterstützen.

Bild 53: Heizleistung als Funktion von Drehzahl und Widerstand.

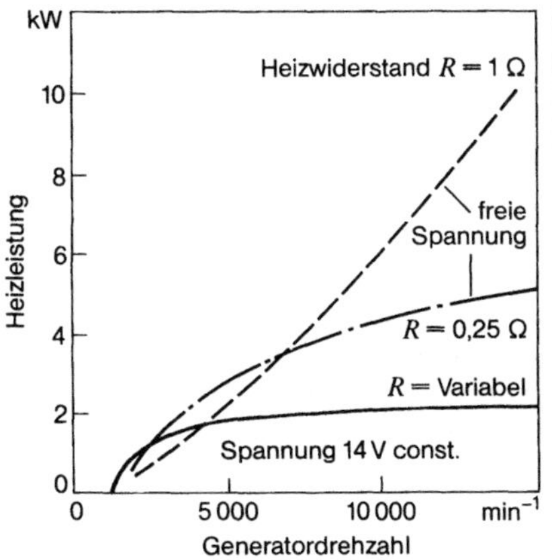

Ausgenutzt wird dabei die Eigenschaft, daß Generatoren bei Betrieb mit freier Spannung relativ hohe Leistungen bei entsprechendem Abschlußwiderstand bringen können, im Gegensatz zur Regelung auf 14 V konstant (Bild 53). Folgende Lösungen sind möglich:

<u>Unterstützung der Fahrgastraumheizung durch Erwärmung der Frischluft</u>

Das Schaltschema zeigt zwei luftgekühlte Seriengeneratoren und ein Steuergerät (Bild 54). Ein Generator versorgt das Bordnetz, der zweite Generator dient wahlweise zur Erzeugung einer freien Spannung zum Heizen oder einer geregelten Spannung zur zusätzlichen Bordnetzversorgung. Ein niederohmiger Heizwiderstand erwärmt die in den Fahrgastraum eintretende Frischluft.

<u>Unterstützung der Kühlwasseraufwärmung</u>

Der geschlossene wassergekühlte Generator übernimmt sowohl die Funktion der Stromversorgung des Bordnetzes als auch zeitweise die Heizfunk-

Bild 54: Bordnetz mit Heizgenerator (2-Generator-Lösung).

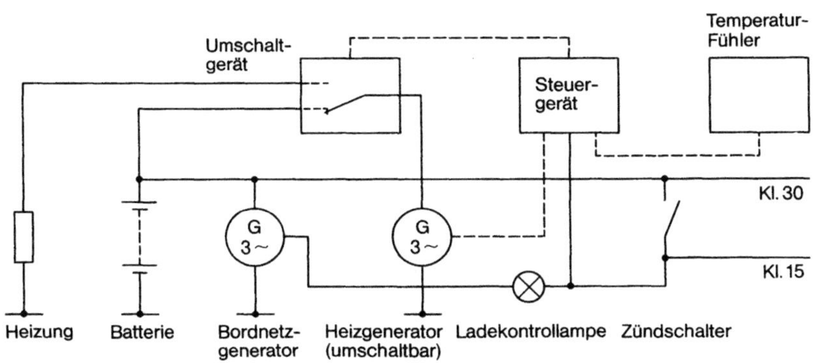

tion (Bild 55). Die Aufheizung des Kühlwassers wird durch Heizwiderstände im Kühlwasser und die Verlustleistung des Generators bewirkt. Die Heizleistung im Motorleerlauf beträgt ca. 1 kW, das Bordnetz wird so lange mit verminderter elektrischer Leistung versorgt. Nach Erreichen der Motorbetriebstemperatur werden die Heizwiderstände abgeschaltet, und dem Bordnetz steht die volle Generatorleistung zur Verfügung.

Frontscheibenheizung

Heizbare Frontscheiben dienen der Erhöhung der Verkehrssicherheit, indem ein Wiederbeschlagen oder Wiedervereisen bei kaltem Fahrzeug verhindert wird. Zwei unterschiedliche Systeme sind möglich und werden bereits angewandt:

– Feindrähte

Die Energieerzeugung ist aus dem vorhandenen Bordnetz möglich, weil der Widerstand der Heizdrähte entsprechend niederohmig (ca. 0,3 Ohm) ausgeführt werden kann. Es ergeben sich damit Heizleistungen von ca. 500 W. Die bei Stillstand oder Motorleerlauf der Batterie entnommene Energie muß dann in einen entsprechend größer bemessenen Generator bei Fahrt wieder nachgeladen werden.

– Leitende Schicht

Eine aufgedampfte Metallschicht kann mit geeigneten Anschlüssen versehen und als Scheibenheizung verwendet werden. Damit die Transparenz der Scheibe erhalten bleibt, muß die metallische Schichtdicke sehr dünn sein. Dies bedeutet relativ hohe Widerstandswerte (ca. 3 Ohm) und erfordert Spannungen von 60 V...80 V. Zweckmäßig wird Wechselspannung verwendet, um Polarisationserscheinungen zu vermeiden. Dementsprechend ist eine zusätzliche Energieversorgung für die Frontscheibenheizung notwendig.

Dies geschieht entweder über einen zusätzlichen Generator mit entsprechen-

Bild 55: N1-Heizgenerator mit Wasserkühlung.

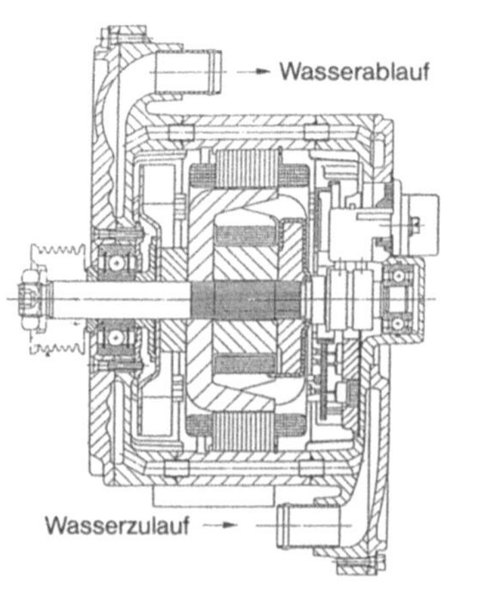

Bild 56: Statischer Umrichter für Frontscheibenheizung.

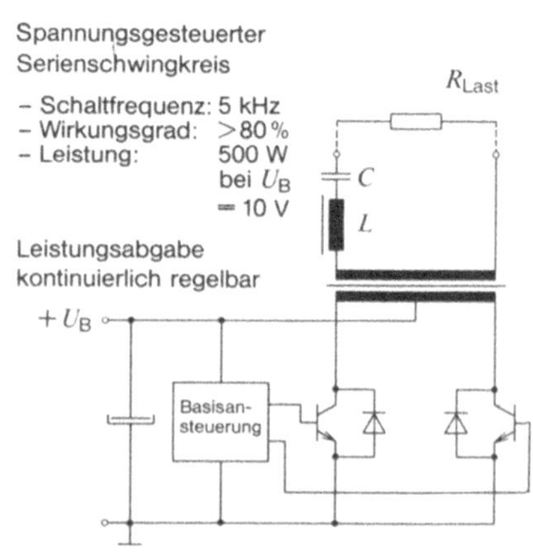

der Wicklungsauslegung, allerdings ist dann Heizleistung nur bei laufendem Motor zu entnehmen, oder man verwendet einen statischen DC/AC-Wandler (Bild 56). Mit diesem Wandler ist die Heizung der Frontscheibe auch bei stehendem Motor möglich, z.B. zur Erleichterung des Freikratzens von vereisten Scheiben. Damit sich der Ladezustand der Batterie nicht verschlechtert, sind ein leistungsstärkerer Generator und eine größere Batterie erforderlich. Zum selbständigen Abtauen von vereisten Scheiben sind höhere Leistungen von ca. 1,5 kW erforderlich. Die Bereitstellung solcher Leistungen bei stillstehendem Motor sind nach heutigem Stand der Technik mit wirtschaftlichen Mitteln nicht möglich.

Lüfter mit Drehzahlbegrenzung

Zur Verbesserung des Wirkungsgrades und zur Geräuschabsenkung bei hohen Drehzahlen kann ein Lüfter mit Drehzahlbegrenzung verwendet werden. Zwei Lösungen wurden entwickelt:

Reibkupplung

Bei diesem Prinzip wird die innere Reibung zweier gegeneinander verspannter Kugellager zum Antrieb des Lüfters ausgenutzt (Bild 57, links). Das Reibmoment des Kugellagers ist praktisch konstant, wogegen das Lüftermoment quadratisch mit der Drehzahl zunimmt.

Bei niedrigen Drehzahlen läuft der Lüfter daher mit Generatordrehzahl, bei höheren Drehzahlen bleibt der Lüfter auf einer Drehzahl stehen, die dem Reibmoment der Kugellager in der Lüfterkennlinie entspricht (Bild 58, links). Dies ermöglicht eine definierte Abregelung der Lüfterdrehzahl im Bereich von etwa 5000 min^{-1}. Bild 57, links zeigt die kompakte Bauweise des drehzahlbegrenzten Lüfters. Es werden zwei Serienkugellager verwendet. Durch Vorspannung der beiden Innenringe mit einer Tellerfeder wird das Reibmoment

Bild 57: Drehzahlbegrenzter Lüfter.
a) Mit Reibkupplung, b) mit Hysteresekupplung.

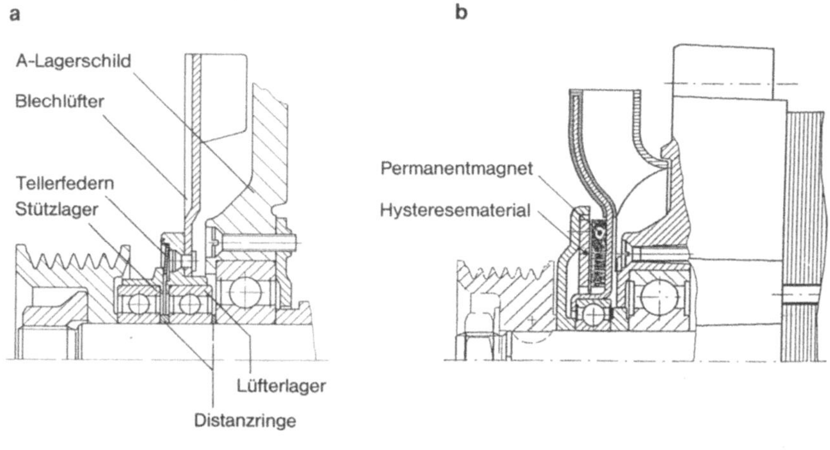

sichergestellt, da die Abregeldrehzahl deutlich über der Drehzahl liegt, bei der die Maximaltemperatur auftritt.

Hysteresekupplung

Anstelle einer Reibkupplung kann auch eine Hysteresekupplung verwendet werden. Bild 57, rechts zeigt die konstruktive Ausführung. Wie beim Hysteresemotor wird durch ein umlaufendes Magnetfeld, das hier durch entsprechend magnetisierte Ferritmagnete aufgebracht wird, in dem Hysteresematerial ein annähernd konstantes Drehmoment erzeugt, das den Lüfter bis zur Abregeldrehzahl mitnimmt.

Die Leistungsaufnahme und Geräuschentwicklung bei hohen Drehzahlen werden durch den Lüfter mit Drehzahlbegrenzung beträchtlich reduziert, der Generatorwirkungsgrad wird verbessert (Bild 58, rechts).

Permanentfeldgeneratoren

Reaktanzen, Zeigerdiagramm und Kennlinien bei Permanenterregung

Bisher werden in Kraftfahrzeugen nur elektrisch erregte Klauenpolgeneratoren verwendet. Es ist jedoch interessant zu untersuchen, ob anstelle der rotierenden Erregerwicklung mit Schleifringen auch Permanentmagnete eingesetzt werden können. Bei Permanenterregung sind einige Besonderheiten zu beachten.

Im Bild 59 ist schematisch ein 4-poliger Generator mit $q = 1$ und Permanentmagneten im Läufer dargestellt. Durch die Permanentmagnete ergibt sich in der Längsachse ein zusätzlicher magnetischer Luftspalt, der – abhängig von der Bauform – im allgemeinen in dieser Richtung größer ist als in der Querachse, d.h. die Längsreaktanz ist kleiner als die Querreaktanz.

Durch die Anwendung der Zweiachsentheorie können die Feldfaktoren der Längs- und Querachse berechnet werden. Sie hängen ab:

Bild 58: Lüfter mit Drehzahlbegrenzung.
a) Abregelcharakteristik, b) Leistungsaufnahme und Wirkungsgrad.

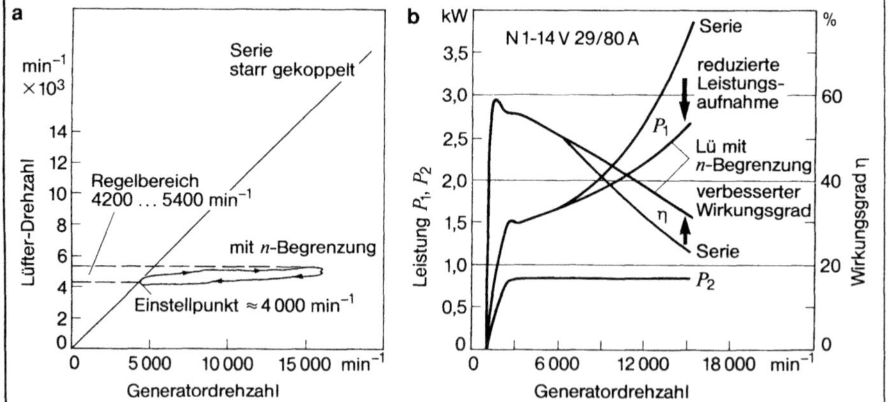

Bild 59: Permanentfeldgeneratoren.
a) Reaktanzen, b) Zeigerdiagramm, c) Kennlinien.

a

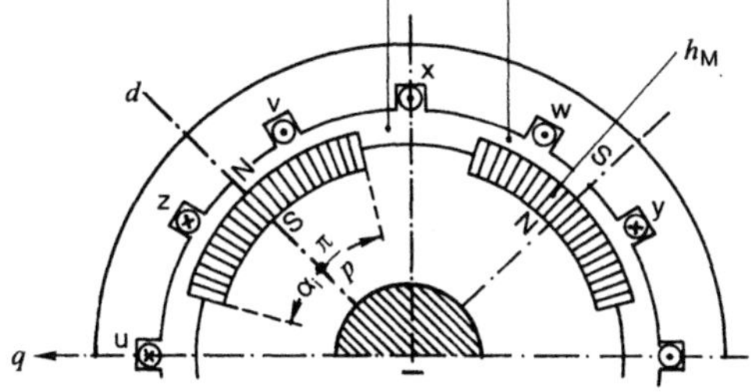

$\alpha_i = b_p/\tau_p$
$k = \delta_{max}/\delta_{min}$
$\varepsilon = h_M/(\mu_R \cdot \delta''_{min} \cdot \upsilon)$
$\upsilon = A_M/A_L \cdot (1 - \sigma_M)$

b

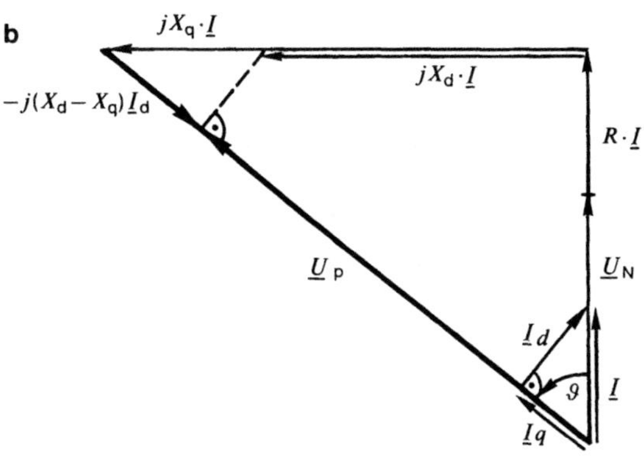

$X_{hd} = c_d \cdot X_h;\ X_d = (1 + \sigma_1) \cdot X_{hd}$

mit

$$c_d = \frac{1}{k} + \left(\frac{1}{1+\varepsilon} - \frac{1}{k}\right) \cdot \left(\frac{\sin \alpha_i \cdot \pi}{\pi} + \alpha_i\right)$$

$X_{hq} = c_q \cdot X_h;\ X_q = (1 + \sigma_1) \cdot X_{hq}$

mit

$$c_q = \frac{1}{1+\varepsilon} - \left(\frac{1}{1+\varepsilon} - \frac{1}{k}\right) \cdot \left(\frac{\sin \alpha_i \cdot \pi}{\pi} + 1 - \alpha_i\right)$$

wobei

$$X_h = \omega \cdot \frac{m}{2} \cdot \frac{4}{\pi^2} \cdot \frac{l_i \cdot \tau_p}{p} \cdot \frac{\mu_0}{\delta''_{min}} \cdot (w_1 \cdot \xi_1)^2$$

c

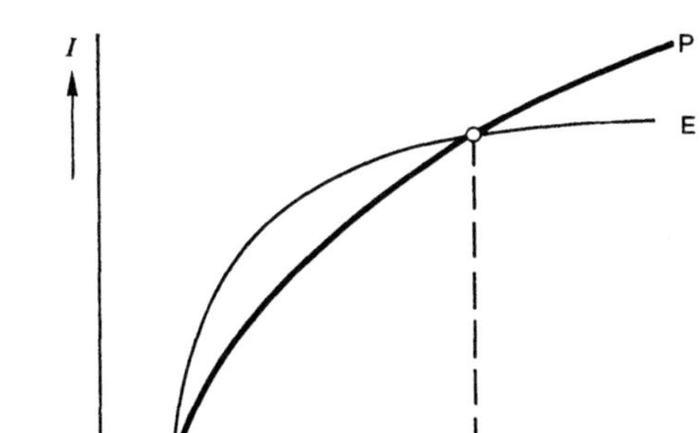

P permanent erregt
E elektrisch erregt

– vom Polbedeckungsverhältnis α_i,
– von dem Verhältnis Maximal- und Minimalluftspalt k und
– von ε, dem Kehrwert der Scherung der Arbeitsgeraden.

Die Gleichungen für Feldfaktoren sind allgemeingültig. Wenn man $\varepsilon = 0$ setzt, erhält man die von Richter angegebenen Werte für die Feldfaktoren einer Schenkelpolsynchronmaschine. Für $k = 1$ und $\varepsilon = 0$ entsprechen die Längs- und Querreaktanz der Synchronreaktanz.

Die Auswirkungen, die sich daraus ergeben, daß die Längsreaktanz kleiner als die Querreaktanz ist, sind folgende:
– Im Zeigerdiagramm ergibt sich eine ungewohnt kleine Polradspannung, die jedoch gut mit den kleinen Induktionswerten bei Permanenterregung korrespondiert.
– Die Stromkennlinie hat einen im Tangentenbereich flacheren Verlauf und steigt bei höheren Stromwerten stärker an. Dies ist bei der Auslegung zu berücksichtigen.

Problematik der Regelung

Bei einem Permanentfeldgenerator kann die Regelung auf konstante Bordnetzspannung nicht mehr über einen Erregerstrom < 5 A mit einem Transistorspannungsregler erfolgen, sondern es muß der volle Hauptstrom > 100 A über steuerbare Leistungshalbleiter geregelt werden.

Folgende Spannungsreglerkonzepte sind möglich (Bild 60):
– Ungesteuerte Drehstrombrücke mit Längschopper: d.h. Unterbrechung des Generatorausgangs; 1 Thyristor mit Löschkreis und Freilaufdiode sind zusätzlich erforderlich.
– Ungesteuerte Drehstrombrücke mit Querchopper: d.h. Kurzschluß des Generatorausgangs; 1 Thyristor mit Löschkreis und Freilaufdiode kommen hinzu.
– Halbgesteuerte Drehstrombrücke als Längsspannungsregler: 3 Thyristoren für $^1/_3$ des Hauptstromes ersetzen 3 Leistungsdioden.
– Ungesteuerte Drehstrombrücke mit Querregelung: 3 Thyristoren für $^1/_3$ des Hauptstromes werden zusätzlich benötigt.

Bild 60: Regler für Permanentfeldgeneratoren.
a) Ungesteuerte Drehstrombrücke mit Längschopper, b) ungesteuerte Drehstrombrücke mit Querchopper, c) halbgesteuerte Drehstrombrücke mit Längsregler, d) ungesteuerte Drehstrombrücke mit Querregler.

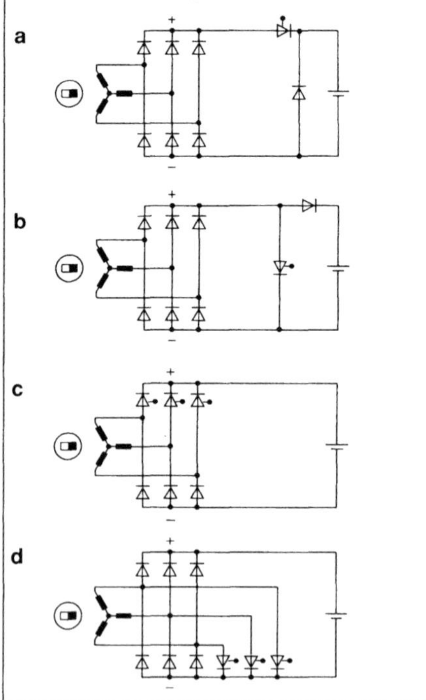

Das günstigste Verfahren mit dem minimalen Halbleiteraufwand und dem besten Wirkungsgrad wird in der Längsregelung gesehen.

Als Leistungshalbleiter sind Thyristoren, Transistoren, GTO und MOSFET möglich. Unsere bisherigen Untersuchungen wurden wegen des kleinen Spannungsabfalls mit Thyristoren durchgeführt.

Für die Spannungsregelung bei veränderlicher Drehzahl und Belastung sind zwei Steuerverfahren möglich:

Bild 61: Steuerverfahren für Spannungsregelung.
a) Schaltung, b) Thyristoren eingeschaltet, c) Pulspaketsteuerung, d) Phasenanschnittsteuerung.

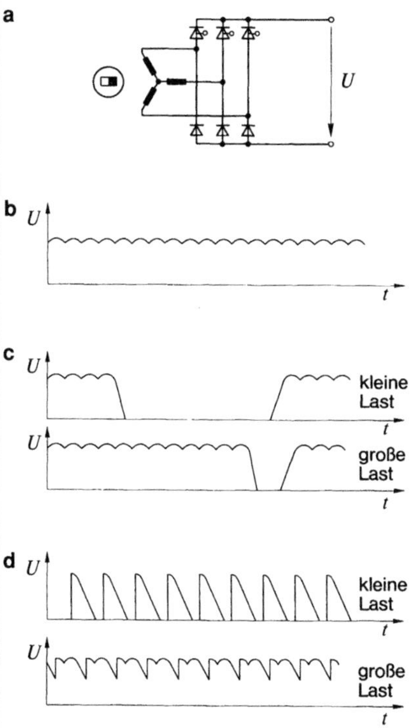

– Pulspaketsteuerung,
– Phasenanschnittsteuerung.

Die typischen Spannungsverläufe beider Verfahren bei Teillast sind im Bild 61 dargestellt. Die Pulspaketsteuerung ist vom Schaltungsaufwand her günstiger, jedoch ist die Stromwelligkeit zu groß. Eine Glättung erfolgt nicht, weil das Bordnetz eine nahezu rein ohmsche Last darstellt. Daher ist die aufwendigere Phasenanschnittsteuerung vorzuziehen.

Vergleich verschiedener Magnetwerkstoffe

An einem 1-kW-Generator für Mittelklasse-Pkw wurden vergleichende Auslegungsuntersuchungen mit Permanentmagneten durchgeführt. Ausgangspunkt war ein Klauenpolgenerator mit elektrischer Felderregung.

Es gibt verschiedene Möglichkeiten, einen Permanentfeldgenerator auszuführen. Die bestgeeignete Bauform wird von den verwendeten Magneten bestimmt (Bild 62).

Beim Einsatz von Ferritmagneten muß wegen der niedrigen Remanenzinduktion entweder ein Außenpolläufer mit rotierender Glocke oder ein Innenpolläufer mit Flußkonzentratoren gewählt werden. Beim Außenpolläufer sind die Kühlungsverhältnisse der innenliegenden Ständerwicklung ungünstig. Beim Innenpolläufer ist die Befestigung der Magnete und Flußkonzentratoren aufwendig.

Als weitere Alternative wurden die hochwertigen Seltene-Erden-Magnete betrachtet. Wegen der hohen Flußdichte und der guten magnetischen Beständigkeit von SmCo und NdFeB können die Generatoren als Einzelpolläufer mit ganz dünnen Schalen- oder Plättchen-

Bild 62: Drehstromgeneratoren mit Permanentmagneterregung.
a) Ausführungen, b) Gewichtsvergleich.
1 Elektrische Erregung, 2 Außenpolläufer mit Ferritmagneten, 3 Klauenpolläufer mit AlNiCo-Ringmagnet, 4 Innenpolläufer mit Ferritmagneten, 5 Einzelpolläufer mit SmCo-Magneten oder mit NdFeB-Magneten.

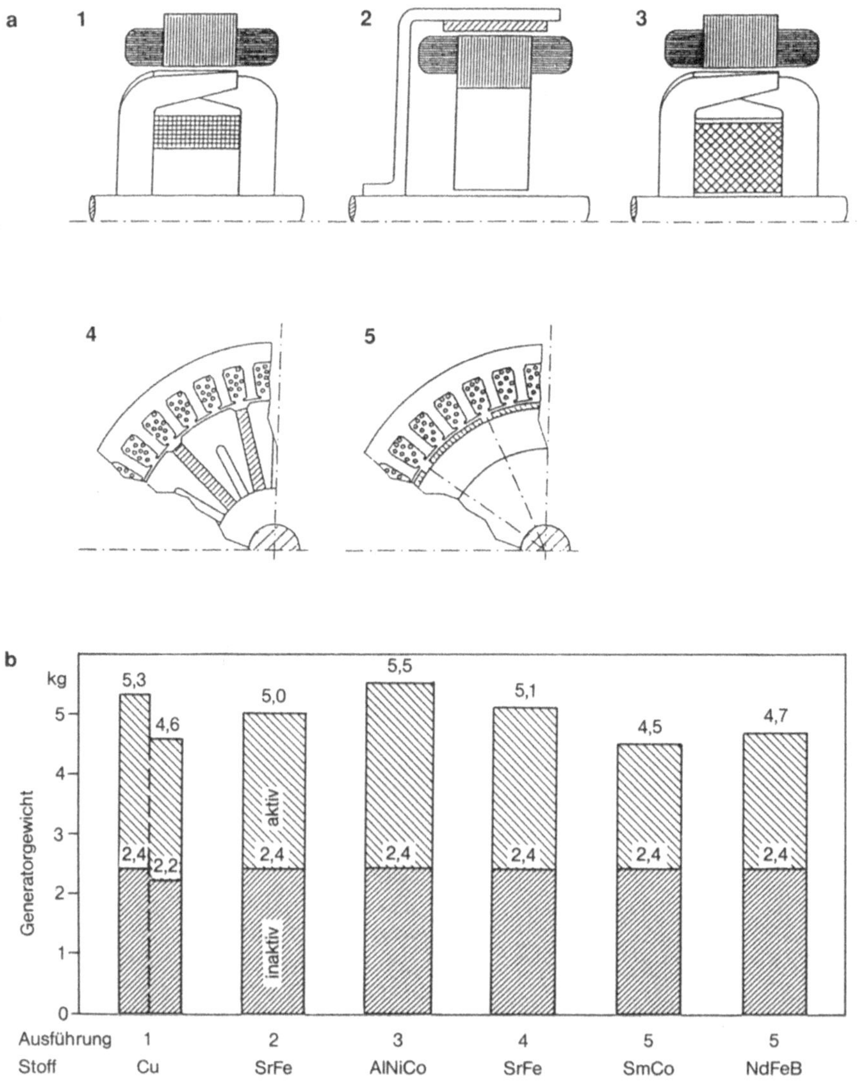

magneten ausgeführt werden. Das Magnetmaterial wird dadurch optimal genutzt, und der Seriendrehstromständer kann unverändert übernommen werden.
Zu Studienzwecken wurde noch ein Generator mit AlNiCo-Magneten in Hülsenbauform ausgelegt. Wegen der geringen Koerzitivfeldstärke von AlNiCo mußte ein dicker Ringmagnet zwischen den beiden Klauenpolhälften angeordnet werden.
Zur Bewertung der verschiedenen Generatorauslegungen wurde ein Gewichts- und Stoffkostenvergleich für den Erregungsaufwand angestellt (Bild 62 und 63).
Nachdem der Vergleichsgenerator N1 70 A mit 5,3 kg durch Fortschritte in der Wickeltechnik und verbesserte Auslegung des magnetischen Kreises von einem K1 70-A-Generator mit nur 4,6 kg ersetzt wurde, ergeben sich für einen Permanentfeldgenerator keine Gewichtsvorteile mehr.
Bezüglich der Kosten für die Erregung wären höchstens Ferritmagnete wettbewerbsfähig. Und der Aufwand für die gesteuerte Thyristorbrücke zur Regelung des Hauptstromes dürfte die Einsparungen am Gleichrichter, Hybridspannungsregler und Bürstenhalter plus Schleifringen nicht übersteigen.
Das Ergebnis ist, daß weder vom Gewicht noch von den Kosten her ein Permanentfeldgenerator mit einem modernen Klauenpolgenerator wettbewerbsfähig sein kann. Es ist daher nicht zu erwarten, daß ein Permanentfeldgenerator in absehbarer Zeit sinnvoll in Kfz eingesetzt werden kann. Die Untersuchungen werden jedoch fortgesetzt.

Bild 63: Stoffkostenvergleich für Generatorauslegung.

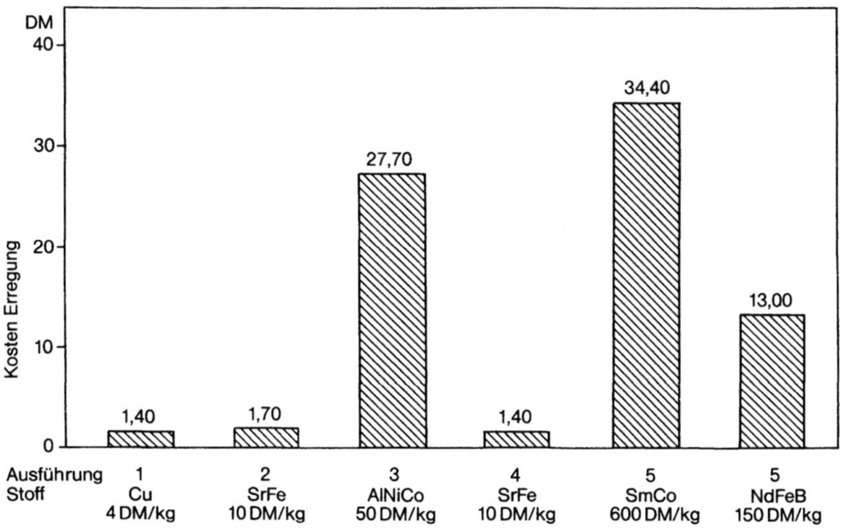

Spannungsregler

Aufbau und Funktion

An den Kraftfahrzeug-Bordnetzgenerator werden hohe Anforderungen bezüglich Drehzahl- und Lastbereich gestellt.

Die Aufgabe der Spannungsregelung besteht darin, die Generatorspannung über den gesamten Drehzahlbereich des Fahrzeugmotors – unabhängig von der Belastung – konstant zu halten. Die Regelung schützt die Verbraucher vor zu hohen Bordnetzspannungen und verhindert, daß die Batterie überladen wird. Sie kann natürlich nur dann wirksam sein, wenn der Generator ausreichend dimensioniert ist.

Um die Verluste klein zu halten, ist bei allen Spannungsreglern das Prinzip der Zweipunktregelung realisiert. Der Generator wird durch periodisches Ein- und Ausschalten des Erregerstromes reguliert. Das Verhältnis der jeweiligen Ein- und Ausschaltzeiten ist maßgebend für die Größe des mittleren Erregerstromes.

Ein moderner Transistorspannungsregler in Hybridtechnik (Bild 64) enthält in einem hermetisch gekapselten Gehäuse eine Keramikplatte mit Schutzwiderständen und einem aufgeklebten IC (integrierten Schaltkreis), in dem alle Steuer- und Regelfunktionen vereinigt sind.

Der Leistungstransistor und die Freilaufdiode sind direkt auf dem metallischen Sockel aufgelötet, um eine gute Wärmeableitung zu gewährleisten.

Vorteile der Hybridtechnik sind geringe Herstellkosten und hervorragende Zuverlässigkeit im Feld.

Das Schaltbild 65 zeigt den Generator mit Erregerwicklung, Leistungs- und Erregerdioden, den Spannungsregler mit Bürstenhalter und das Bordnetz:

– Der Spannungsistwert und der Erregerstrom werden von den Erregerdioden bei D+ abgegriffen.

– Der Hybridspannungsregler ist mit 2 Anschlüssen und Masse mit dem Bürstenhalter verbunden.

– Die Ladekontrollampe zeigt an, ob der Generator Spannung erzeugt oder nicht. Sie spricht auf die Spannungsdifferenz zwischen D+ (Sternpunkt Erregerdioden) und Klemme 15 (Zündschloß) an. Die Vorerregung erfolgt über die Kontrollampe.

Der Hybridspannungsregler ist bei Pkw-Generatoren eingesetzt; bei Nkw-Generatoren für 12-V- und 24-V-Bordnetze wird er eingeführt (Bild 66). Der Nkw-Hybridspannungsregler ist ausgelegt für die speziellen Nkw-Betriebsbedingungen, d.h. höhere Spannungsfestigkeit der Endstufe und zusätzlich Kondensatoren zur Kompensation der längeren Ladeleitung vom Generator zur Batterie.

Bild 64: Hybridregler für Pkw.

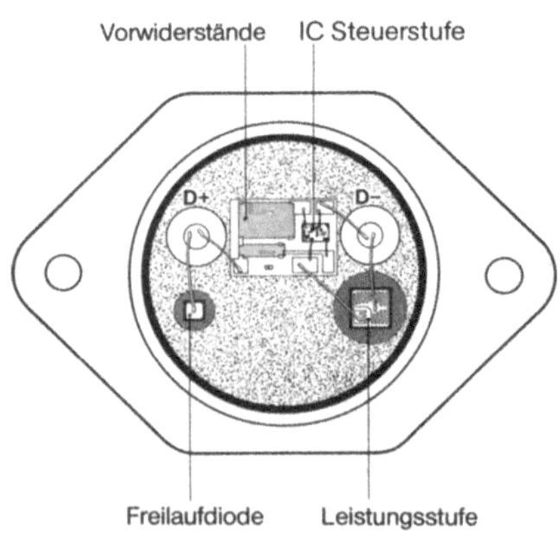

Bild 65: Schaltbild eines Generators mit Hybridregler.

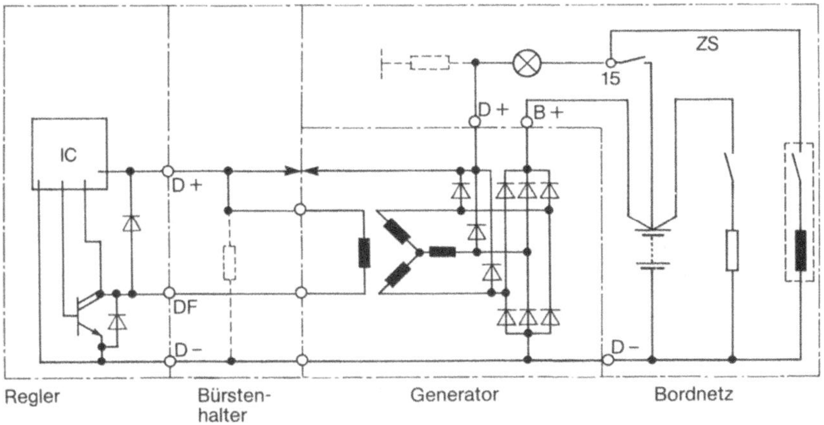

Eine Weiterentwicklung des Hybridspannungsreglers ist der Monolithspannungsregler für 12-V-Bordnetze (Bild 67). Hier sind die Funktionen von IC, Freilaufdiode und Leistungsendstufe in einem Chip integriert.

Dadurch wird die Zuverlässigkeit weiter erhöht (weniger Bauelemente, weniger Verbindungen), und der Spannungsabfall an der Endstufe ist kleiner (Generatornennleistung um ca. 2% höher).

Der Monolithspannungsregler ist in Bipolartechnik ausgeführt und wird in Verbindung mit Leistungszenerdioden im Generator eingesetzt.

Bild 66: Hybridregler für Nkw.

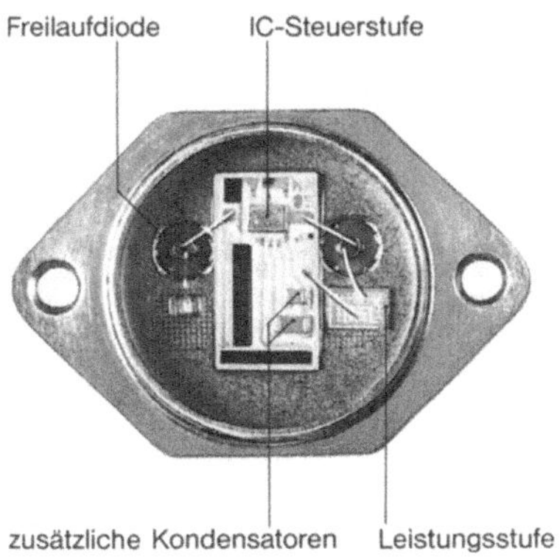

Bild 67: Monolithregler.

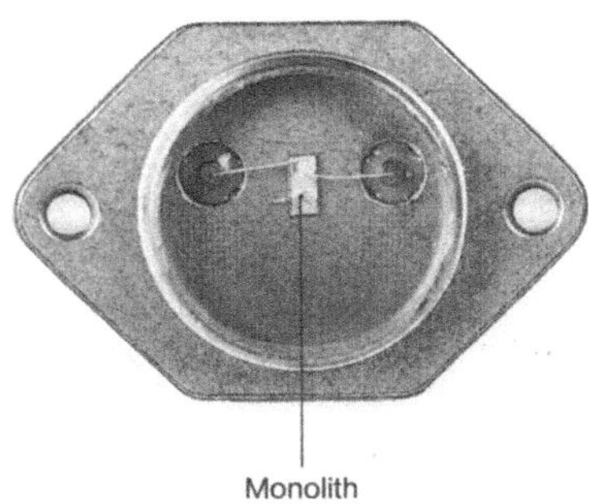

Kennlinien

Der Spannungsregler regelt die Generatorausgangsspannung auf ein nahezu konstantes Niveau. Dabei berücksichtigt er die chemischen Eigenschaften der Batterie und verschiebt den Sollwert temperaturabhängig (Bild 68).

Zur Temperaturerfassung dient eine Halbleiterschaltung im Spannungsregler.

Das übliche Spannungsniveau im Pkw beträgt ca. 14 V mit einer Neigung der Kennlinie von ca. –7 mV/K. Der Trend geht zu 14,5 V mit einer Neigung von –10 mV/K. Die neue Kennlinie, die auch der ISO-Norm entspricht, verbessert die Batterieladung bei Kälte. Zusätzlich ermöglicht sie im Labor die Messung der Generatorstromkennlinien $I = f(n)$ bei U (konst) = 13,5 V.

Sinngemäß wird bei Nkw das Spannungsniveau auf ca. 28 V begrenzt, mit einer Temperaturkompensation von ca. –10 mV/K.

Spannungsregler mit zusätzlichen Funktionen

In der Grundausführung werden folgende Funktionen erfüllt:

- Spannungsregelung,
- Keilriemenkontrolle,
- Unterspannungsanzeige über 68-Ohm-Widerstand am Bürstenhalter.

Für weitere Anforderungen sind zusätzliche Funktionen teilweise verfügbar oder in Entwicklung bzw. Diskussion:

a) Grundausführung mit Batterietemperaturfühler,
b) LED/LCD-Anzeige, Vorerregungssteuerung über Anzeigeelement,
c) wie vorher, jedoch zusätzliche Batterietemperaturfühler und eventuell Batteriespannungssensing oder Gasungssensor an der Batterie,
d) Generatorentregung bei Warmlauf und/oder Beschleunigung, Übererregung beim Bremsen,
f) Ladezustandsanzeige bzw. Überwachung, Leerlaufdrehzahlanhebung bei niedriger Spannung,
e) Keilriemenschlupfüberwachung.

Bild 68: Reglerkennlinien.

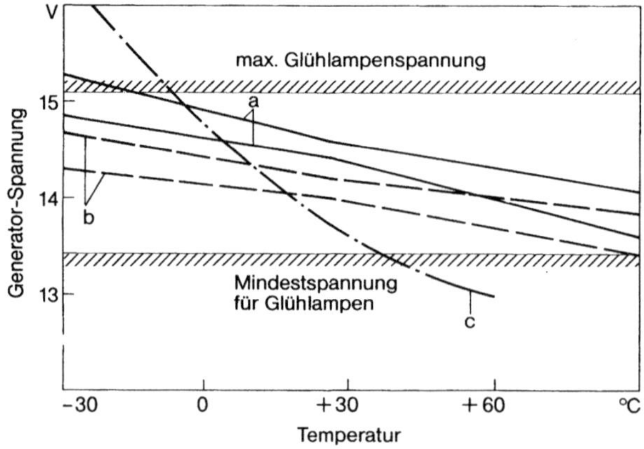

Kennlinie	Einstellspannung	T_K-Wert
a	14,5 V	-10 mV/K
b	14,1 V	- 7 mV/K
c	Gasungsspannungskennlinie (2 mA/Ah)	

Parameter:
$n = 6000\ \text{min}^{-1}$
$I = 5$ A
$t \leqq 0{,}5$ min

Spannungsregler mit Temperaturfühler

Abgas-Katalysatoren und gekapselte Motorräume führen zu höheren Aggregattemperaturen und zu größeren Differenzen der Absolutwerte und des zeitlichen Verlaufs der Temperatur von Generator und Batterie (Bild 69). Die heute üblichen Anbauhybridspannungsregler führen die notwendige Temperaturkompensation der Spannungsreglerspannung mit der Generator-Ansauglufttemperatur durch.

Gibt es größere Abweichungen zwischen Generator-Ansauglufttemperatur und der Batteriesäuretemperatur, wird ein Temperaturfühler an der Batterie sinnvoll. Ein Temperaturanstieg während der Betriebszeit von annähernd 80 K am Generator erniedrigt die Regelspannung um 0,7 V, wogegen der kleine Temperaturanstieg an der

Bild 69: Temperaturkompensation.
a) Temperatur und Spannung in Abhängigkeit von der Betriebszeit.
b) Spannung in Abhängigkeit von der Temperatur bei Temperaturkompensation.

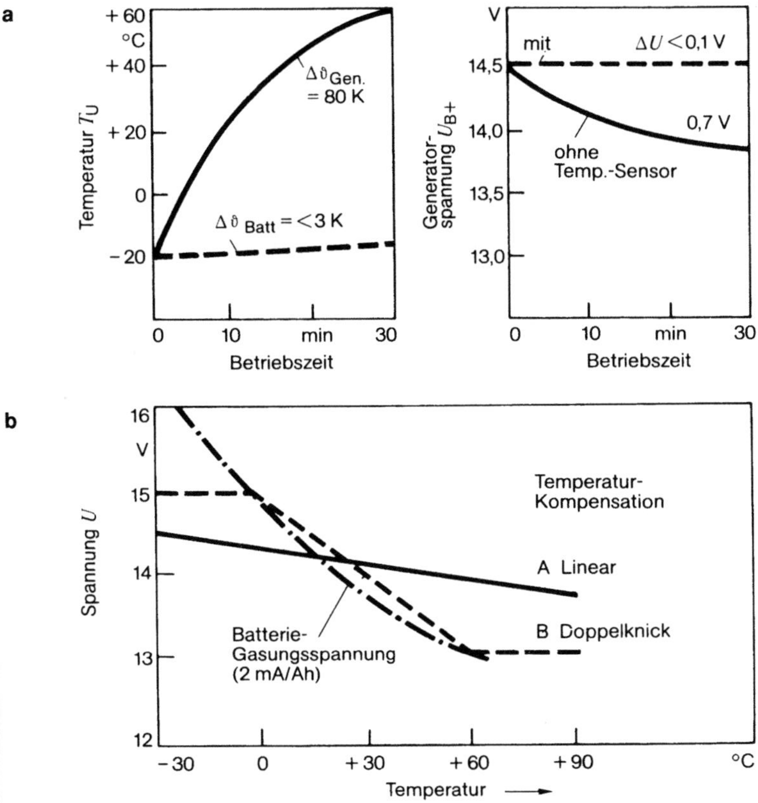

Batterie von 3 K nur eine unmerkliche Absenkung der Regelspannung bewirkt. Die Temperaturkompensation erfolgt serienmäßig linear.

Ein Beispiel wurde berechnet für einen Mittelklasse-Pkw (Bild 70). Die Verbesserung der Ladebilanz für Winterbetrieb ist im Bild dargestellt. Mit Anwendung eines Temperaturfühlers verbessert sich die Ladebilanz z.B. bei einem 70-A-Generator von 32% auf 45%.

Eine weitere Verbesserung im Winterbetrieb kann durch die Anwendung einer Doppelknick-Kennlinie in Verbindung mit einem Temperatursensor erreicht werden. Der Ladezustand erreicht z.B. bei einem 70-A-Generator 57%, und im Sommer wird die Überladung der Batterie verringert. Spannungsreglerkennlinien mit Doppelknick sind aber nur in Verbindung mit einem Temperaturfühler sinnvoll.

Mit einem Generator 70 A mit Temperaturfühler und Doppelknick-Kennlinie wird im gezeigten Fall ein besserer Ladezustand erreicht als mit einem N1-Generator 80 A mit Serienspannungsregler ohne Temperaturfühler.

Ähnliche Verbesserungen bringt auch der Temperaturfühler an der Batterie von Nutzfahrzeugen.

Der Funktionsvorteil eines Spannungsreglers mit Temperaturfühler wird um so größer, je größer die Temperaturdifferenz Generator/Batterie wird.

Der Temperaturfühler an der Batterie erfordert zwei zusätzliche Anschlüsse an der Baugruppe Spannungsregler/Bürstenhalter. Ein Anschluß ist mit dem IC des Spannungsreglers verbunden zur Beeinflussung der Spannungsreglerspannung, der andere Anschluß ist auf Masse gelegt (Bild 71).

Der Temperaturfühler ist in einem TO-18-Gehäuse mit Kunststoff umspritzt und unter dem Batterieboden angebracht (Bild 72).

Der Temperaturfühler selbst besteht aus einer elektronischen Meßschaltung. Die Temperatur wird durch die Charakteristik von Diodenstrecken erfaßt. Im Falle einer Unterbrechung oder eines

Bild 70: Ladezustand in Abhängigkeit von Batterietemperatur und Kennlinie.
Fahrbetrieb im Winter bei 0°C/–20°C.

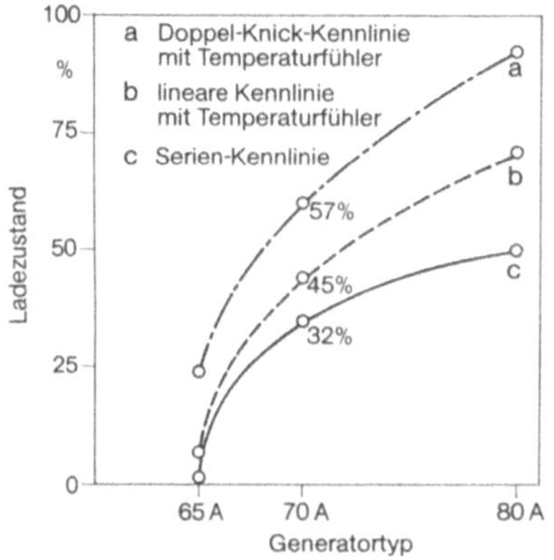

Bild 71: Spannungsregler mit Batterie-Temperaturfühler.

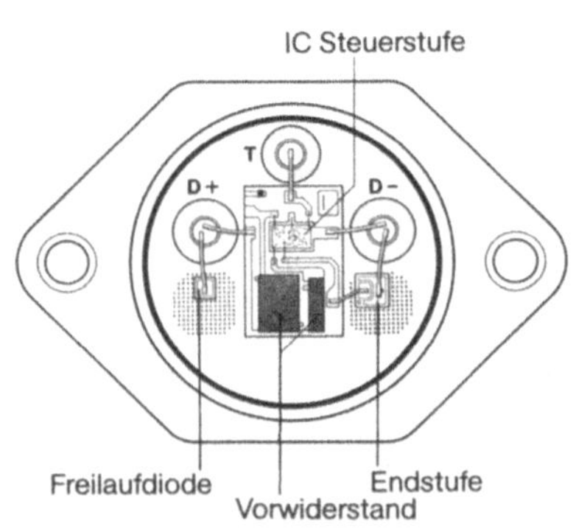

Kurzschlusses der Sensingleitung schaltet der Spannungsregler auf die sonst übliche interne Temperaturkompensation um. Der Meßschaltung ist eine Schutzschaltung gegen Überspannung vorgeschaltet. Spannungsregler mit Temperaturfühler stehen für Pkw und auch für Nkw zur Verfügung.

Multifunktionsspannungsregler

Beim Seriengenerator wird die Remanenz zur Selbsterregung des Generators durch den Vorerregerstrom über die Generatorkontrollampe unterstützt. Je größer die Kontrollampenleistung ist, desto niedriger wird die Angehdrehzahl. Eine hohe Verlustleistung der Kontrolllampe im Armaturenbrett ist aber unerwünscht. Durch fahrzeugseitige Weiterentwicklungen wie

- Übergang auf LED/LCD-Anzeige, bzw. Reduzierung der Kontrollampen-Verlustleistung,
- niedrige Leerlaufdrehzahl, deshalb Absenkung der Angehdrehzahl erforderlich,
- Fehleranzeige

sind Anpassungen am Spannungsregler notwendig.
Durch eine geänderte Generator-Spannungsregler-Schaltung (Bild 73) können diese Forderungen erfüllt werden. Der Generator benötigt keine Erregerdioden mehr. Das Signal "Motor läuft" kann über den Anschluß L abgefragt werden. Der Anschluß W liefert ein drehzahlproportionales Signal.
Der Abgriff des Spannungs-Istwertes erfolgt über B+ am Generator. Als Anzeigeelement können 1 Lampe, 1 LED oder 1 LCD verwendet werden. Die Erregung erfolgt von B+ des Generators.
Folgende Fehler werden angezeigt:

- Keilriemenbruch,
- Erregungsunterbrechung,
- Überspannung.

Ein Load-Dump-Schutz wird durch Leistungszenerdioden gewährleistet.
Als Ausbaustufen stehen zur Verfügung:

- Temperaturfühler an der Batterie,
- Spannungssensing an der Batterie.

Bild 72: Batterie-Temperaturfühler.

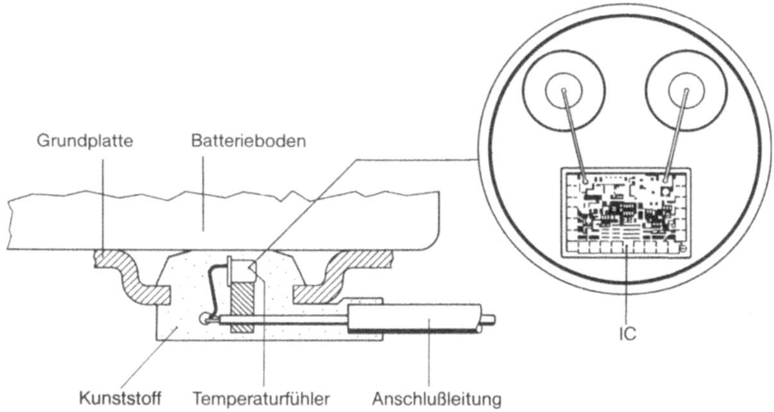

Der Spannungsregler ist in der bewährten Hybridtechnik ausgeführt.

Spannungsregler mit Gasungssensor

Eine weitere Möglichkeit, die Ladebilanz zu verbessern, wird in einem gasungsgesteuerten Spannungsregler gesehen. Grundidee: Solange die Batterie mehr oder weniger stark entladen ist, kann man sie zur Erhöhung der Ladestromaufnahme mit einer höheren Spannung als die, die der heutigen Spannungsreglerkennlinie entspricht, beaufschlagen. Die Erwartung, daß durch einen Spannungsregler mit Gasungssensor die Batterieladung wesentlich verbessert werden kann, hat sich jedoch nicht bestätigt. Die Verbesserung der Ladebilanz im Vergleich zu einem Spannungsregler mit Temperaturfühler und Doppelknick-Kennlinie ist minimal. Darüber hinaus ist die Regelspannung abhängig vom Alter der Batterie (Bild 74). Die Gasungsspannungskennlinien zeigen, daß bei gealterten Blei-Antimon-Batterien schon bei niedriger Spannung die Gasung einsetzt, daß Blei-Calzium-Batterien hingegen stabil bleiben. Ältere Blei-Antimon-Batterien werden deshalb nicht mehr voll geladen, weil das Spannungsniveau abgesenkt werden muß.

Bild 74: Gasungsspannungskennlinien.
Alterung in Praxiserprobung.

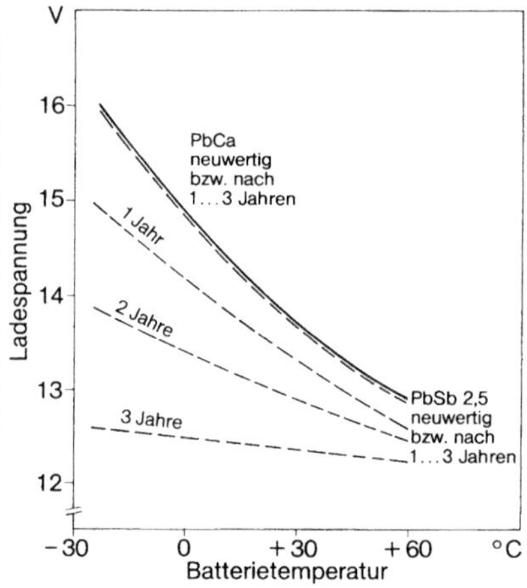

Bild 73: Schaltbild eines Generators mit Multifunktionsspannungsregler.

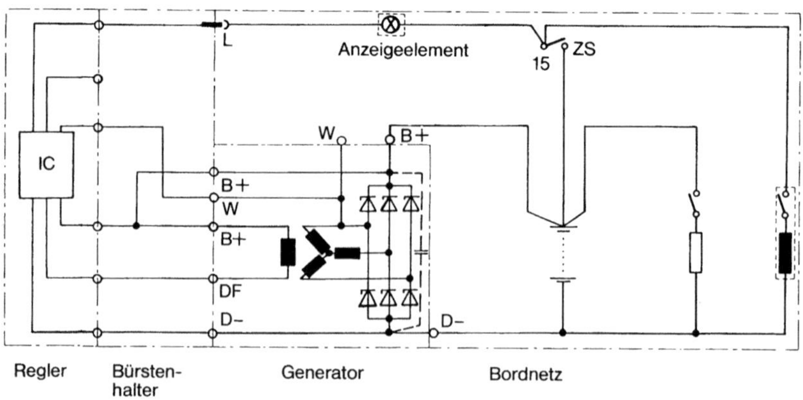

Batterien

Aufbau und Funktion

Die Starterbatterie hat im Bordnetz die Funktion eines chemischen Speichers für elektrische Energie, die der Generator erzeugt (Bild 75). Sie muß sowohl in der Lage sein, kurzfristig (besonders bei tiefen Temperaturen) hohe Ströme für den Startvorgang zu liefern als auch über begrenzte Zeit (insbesondere bei Motorleerlauf und Motorstillstand) andere wichtige Verbraucher des Bordnetzes ganz oder teilweise mit elektrischer Energie zu versorgen. Hierzu wird im allgemeinen der Blei-Schwefelsäure-Akkumulator eingesetzt. Typische Bordnetzspannungen sind zur Zeit 12V bzw. 24V. Die übliche Batteriespannung ist 12V, höhere Spannungen werden durch Reihenschaltung mehrerer 12-V-Batterien erreicht.

Die aktiven Materialien der Bleibatterie sind das Bleidioxid (PbO_2) der Plusplatte, das schwammige, hochporöse Blei (Pb) der Minusplatte und als Elektrolyt verdünnte Schwefelsäure (H_2SO_4). Der Elektrolyt ist gleichzeitig Ionenleiter für Ladung und Entladung. PbO_2 und Pb nehmen gegenüber dem Elektrolyten jeweils typische elektrische Spannungen (Einzelpotentiale) an, aus denen sich die von außen meßbare Zellenspannung ergibt. Sie beträgt in Ruhe ca. 2V pro Zelle, steigt bei Ladung an und sinkt bei Belastung ab. Bei der Entladung werden PbO_2 und Pb mit H_2SO_4 zu Bleisulfat ($PbSO_4$) umgesetzt, daher verarmt der Elektrolyt an Sulfat-Ionen (SO_4^{-2}), die Säuredichte sinkt. Bei der Ladung werden die aktiven Materialien PbO_2 und Pb aus $PbSO_4$ wieder aufgebaut.

Die Summengleichung lautet

$$PbO_2 + Pb + 2H_2SO_4 \rightleftarrows 2PbSO_4 + 2H_2O.$$

Eine 12-V-Starterbatterie entsteht durch Reihenschaltung von sechs Zellen, die in einem durch Trennwände unterteilten Kasten aus Polypropylen eingebaut

Bild 75: Wartungsfreie Starterbatterie.
1 Polypropylendeckel mit Kasten verschweißt,
2 Pol-Abdeckkappe,
3 Direkt-Zellenverbinder,
4 Endpol,
5 Fritte,
6 Plattenverbinder,
7 Polypropylenkasten,
8 Bodenleiste,
9 Plusplatten in Folienseparatoren eingetascht,
10 Minusplatten.

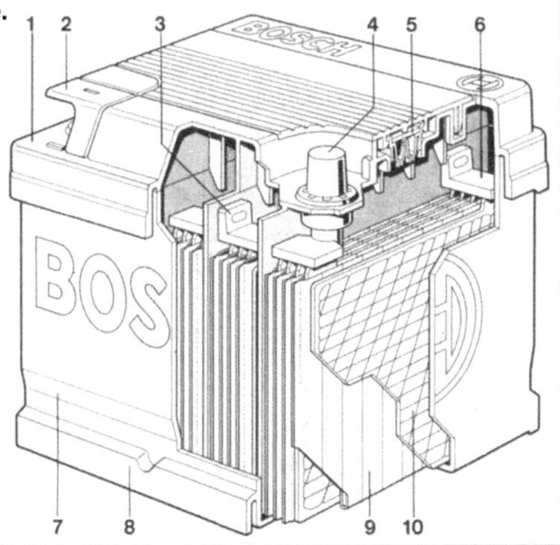

werden. Jede Zelle enthält einen Plattenblock, der aus Platten (Bleigitter und aktive Masse) wechselnder Polarität besteht, die durch Separatoren (mikroporöses Isoliermaterial) getrennt sind. Der Elektrolyt füllt den freien Zellenraum und die Poren von Platten und Separatoren. Endpole, Zellen- und Plattenverbinder bestehen aus Blei. Die Zellenverbinder werden durch die Zellentrennwand dicht hindurchgeführt. Die Batterie wird durch den Deckel, der im Spiegelschweißverfahren auf den Kasten aufgebracht wird, verschlossen. In konventionellen Batterien besitzt jede Zelle eine mit einem Stopfen verschlossene Öffnung, die der Erstfüllung, Wartung und Ableitung der Ladegase dient. Wartungsfreie Batterien werden häufig scheinbar völlig verschlossen geliefert, trotzdem benötigen auch sie Entgasungsöffnungen.

Ausführungen und Kennlinien

Batterieausführungen

Konventionelle Batterie
Die konventionellen Batterien enthalten im Gitter ein bis mehrere Prozent Antimon (Sb) als Härtebildner. Durch die unvermeidliche Korrosion des Plusgitters wird Sb freigesetzt und auf der negativen Platte abgeschieden. Dieser als Antimonvergiftung bezeichnete Vorgang führt zu verstärkter Selbstentladung (siehe unten) und zu erhöhtem Wasserverbrauch.

Wartungsfreie Batterie
Der Wasserverbrauch kann durch Reduzierung des Antimongehalts der Gitter verringert werden. Wird das Antimon durch den elektrochemisch nicht wirksamen Härtebildner Calcium ersetzt, wird der Wasserverbrauch so weit reduziert, daß der Elektrolytvorrat über den Platten für die Lebensdauer ausreicht.

Zyklenfeste Batterie
Starterbatterien sind aufgrund ihrer Bauweise (Plattendicke, Separatorenmaterial) nur bedingt für Einsatzfälle mit häufigen tiefen Entladungen geeignet, da hierbei ein starker Verschleiß der Plusplatten (insbesondere durch Lockerung und Abschlammung der aktiven Masse) eintritt. In zyklenfesten Starterbatterien wird die Plusmasse von Separatoren mit Glasmatten abgestützt und dadurch am vorzeitigen Abschlammen gehindert. Die in Lade/Entladezyklen gemessene Lebensdauer ist wesentlich länger als bei Standardbatterien. Zyklenfeste Starterbatterien sind durch den Buchstaben "Z" gekennzeichnet.

Rüttelfeste Batterie
In rüttelfesten Batterien werden die Plattenblöcke durch Fixierung mit Gießharz oder Kunststoff an Relativbewegungen gegenüber dem Kasten gehindert. In DIN 43539 Teil 2 wird gefordert, daß von einer rüttelfesten Batterie eine 20stündige Sinus-Rüttelprüfung mit 22 Hz und einer Maximalbeschleunigung von 6 g in Vertikalrichtung bestanden werden muß. Von Standardbatterien werden nur 2 h bei 3 g gefordert. Rüttelfeste Batterien werden hauptsächlich in Nutzfahrzeugen, Baumaschinen, Schleppern usw. eingesetzt. Die Kennzeichnung erfolgt durch den Zusatz "Rf".

HD-Batterie

Für den Einsatz in Nutzfahrzeugen, bei denen hohe Rüttelbeanspruchung und zyklische Belastung gegeben sind, wurden spezielle, durch die Buchstaben "HD" gekennzeichnete Batterien entwickelt, bei denen die wesentlichen Merkmale der Z- und Rf-Batterie vereinigt sind.

Kaltstarthochleistungsbatterie (KSHL-Batterie)

In Kaltstarthochleistungsbatterien wird durch den Einsatz einer erhöhten Anzahl von dünneren Platten und dünneren Separatoren mit geringem Widerstand eine gegenüber Standardbatterien erhöhte Startleistung installiert (siehe auch Kälteprüfstrom). Eine weitere Steigerung kann durch den Einsatz von Separatorentaschen, die den Wegfall des Schlammraums und die Vergrößerung der Platten ermöglichen, erreicht werden.

Von Kaltstarthochleistungsbatterien spricht man dann, wenn das Verhältnis von Kälteprüfstrom I_{KP} (A) zu Kapazität K_{20} (Ah) den Wert von etwa 5 übersteigt. Da die Selbstentladung auch eine Funktion der Plattenoberfläche ist, hat die KSHL-Batterie gegenüber einer Standardbatterie gleicher Kapazität eine entsprechend höhere Selbstentladung.

Kennlinien

Batterien sind in DIN 72311 beschrieben und werden nach DIN 43539 Teil 2 geprüft.

Pkw-(Nkw-) Batterien haben einen typabhängigen Kälteprüfstrom zwischen ca. 150...500 (700) A, eine Kapazität von ca. 30...90 (200) Ah und wiegen ca. 10...25 (60) kg.

Kälteprüfstrom I_{KP}, Innenwiderstand R_i

Der Kälteprüfstrom I_{KP} kennzeichnet die Startfähigkeit, das heißt das Kurzzeitentladeverhalten der Batterie. Er ist abhängig vom Innenwiderstand R_i, der maßgeblich beeinflußt wird durch die Gesamtplattenoberfläche, den Platten-

Bild 76: Korrekturfaktor für den Batterie-Innenwiderstand in Abhängigkeit von Säuretemperatur und Entladezustand.

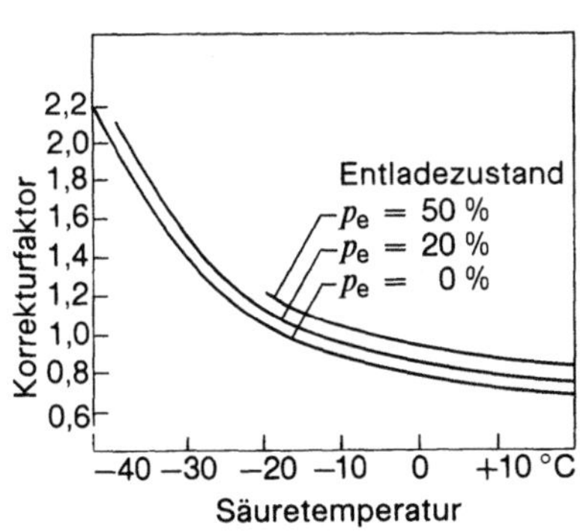

Bild 77: Entnehmbare Kapazität in Abhängigkeit von Entladestrom und Temperatur.

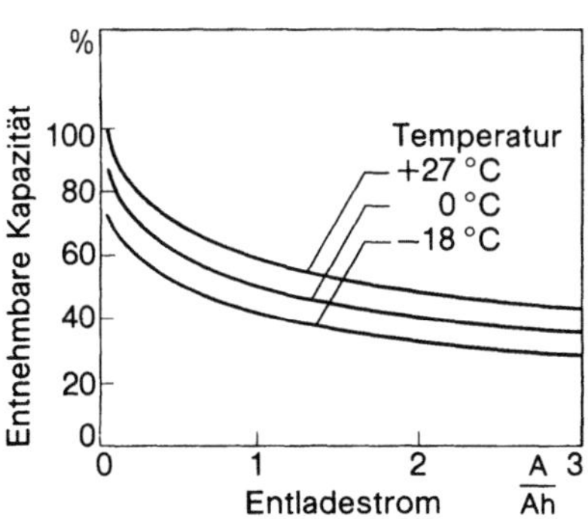

abstand und das Separatorenmaterial. Der Innenwiderstand R_i steigt bei Abnahme von Temperatur und Ladezustand (Bild 76) und bestimmt zusammen mit den übrigen Widerständen des Startstromkreises die entscheidende Startdrehzahl.

Kapazität
Die Kapazität ist die (unter bestimmten Bedingungen) entnehmbare Strommenge in Ah. Sie sinkt mit steigendem Entladestrom und sinkender Temperatur (Bild 77).

Kapazität bei 20stündiger Entladung: K_{20}
Die Kapazität K_{20} kennzeichnet die Batterie bei Langzeitentladung über 20 Stunden mit konstantem Strom. Sie wird hauptsächlich beeinflußt durch die eingesetzten Mengen aktiven Materials an Plusmasse, Minusmasse und Säure.

Tiefentladefestigkeit
Die Tiefentladefestigkeit kennzeichnet das Verhalten der Batterie nach einer tiefen Entladung mit anschließender Standzeit. Sie ist abhängig vom Säure/Masse-Verhältnis. Säuremangel kann im entladenen Zustand zu Durchwachsungen des Separators und damit zu Kurzschlüssen führen. Seit Einführung der KSHL-Batterie gewinnt die Tiefentladefestigkeit an Bedeutung. Eine DIN-Prüfung ist noch nicht definiert.

Bild 78: Batterieladung mit IU-Kennlinie.
1 Ladespannung, 2 Ladestrom.

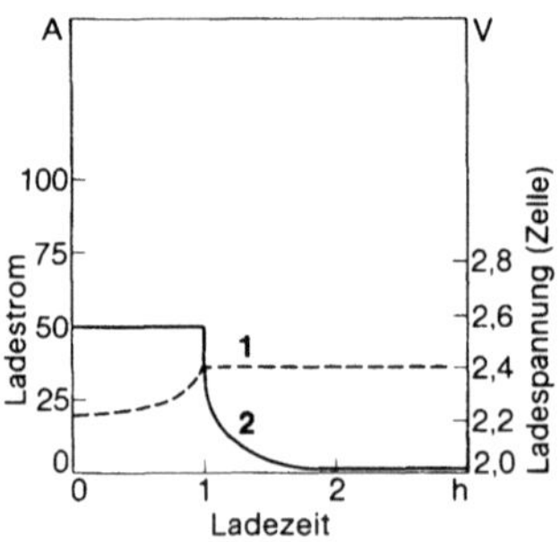

Ladung
Die Ladespannung ist abhängig vom Ladezustand, der Temperatur, vom Ladestrom und der Gitterlegierung.
Im Kraftfahrzeug-Bordnetz wird die Batterie mit Spannungsbegrenzung geladen; dies entspricht annähernd der sogenannten IU-Lademethode nach DIN 43539 Teil 2 (Bild 78). Der Ladestrom geht automatisch zurück, sobald eine oder beide Elektroden "voll" sind. Damit wird eine Überladung verhindert.
Werkstatt- und Heimlader arbeiten hingegen teilweise noch mit konstantem Strom oder nach einer W-Kennlinie.
In beiden letzten Fällen wird auch nach Erreichen des vollen Ladezustands mit nur wenig vermindertem oder konstantem Strom weitergeladen, was zu einem erheblichen Wasserverbrauch und zur Korrosion der Plus-Gitter führt. Wenn nach vollständiger Ladung weitergeladen wird, findet nur noch elektrolytische Wasserzersetzung unter Bildung von Sauerstoff an der Plusplatte und Wasserstoff an der Minusplatte statt.
Als Maß für den erreichbaren Ladezustand können Säuredichte oder Ruhespannung verwendet werden.
Sollen wartungsfreie Batterien insbesondere nach PbCa-Konzept im Labor mit konstanter Spannung geladen werden, muß diese deutlich höher sein

als im Bordnetz. Ursache dafür ist die hohe Wasserstoffüberspannung an der relativ reinen negativen Elektrode, die auch die geringe Selbstentladung und den niedrigen Wasserverbrauch bewirkt.
Wird eine zu niedrige Spannung gewählt, tritt ein sogenannter "Verhunger"-Effekt auf, z.B. bei der Haltbarkeitsprüfung nach DIN 43539 Teil 2, der aber im praktischen Fahrbetrieb nicht vorkommt.

Entladung
Mit Beginn der Entladung sinkt die Batteriespannung stromabhängig auf einen stabilen Wert, der sich bei Fortsetzung der Entladung nur noch relativ langsam ändert (Bild 79). Erst unmittelbar vor Ende der Entladung bricht die Spannung schnell zusammen. Dieser Abfall wird durch Erschöpfung eines oder mehrerer der aktiven Bestandteile (Plusmasse, Minusmasse oder Säure) verursacht.

Selbstentladung
Batterien entladen sich im Laufe der Zeit auch dann, wenn sie nicht belastet werden (Bild 80). Batterien mit antimonarmer Gitterlegierung (< 2,5% Sb) verlieren bei Raumtemperatur im Neuzustand täglich ca. 0,2%, solche mit antimonfreier Gitterlegierung (Blei-Calcium, PbCa) ca. 0,1% ihrer Ladung. Dieser Wert steigt bei Antimonbatterien mit zunehmendem Batteriealter infolge der Antimonvergiftung der Minusplatte progressiv an. Er kann täglich 1% und mehr erreichen und letztlich zum Ausfall der Batterie führen. Bei Blei-Calcium-Batterien steigt der Wert mit zunehmendem Alter dagegen nur geringfügig an.
Faustregel für den Temperatureinfluß: Je 10 K Erhöhung verdoppelt sich die Selbstentladung.

Baureihe
"wartungsfreie Batterien" für Pkw
Diese Batterien zeichnen sich besonders durch den Einsatz der Blei-Calcium-Gitterlegierung aus (Bild 82).

Bild 79: Batteriespannungsverlauf in Abhängigkeit von der Entladezeit bei verschiedenen Entladeströmen.

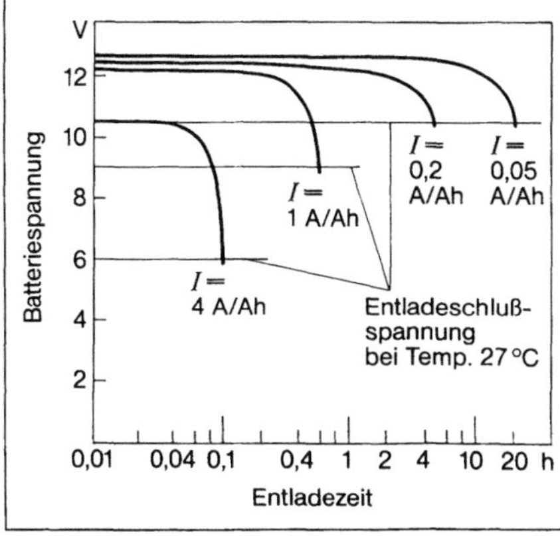

Bild 80: Säuredichte bei Selbstentladung in Abhängigkeit von der Lagerzeit bei Raumtemperatur.

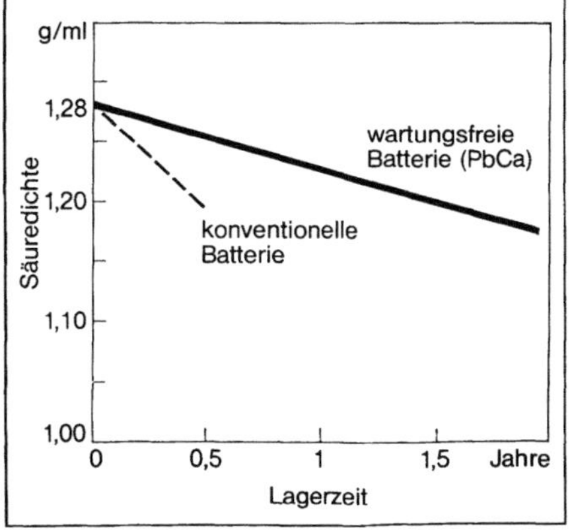

Dadurch ergeben sich folgende Vorteile:
– Hohe Startleistung, die über die Lebensdauer langsamer abfällt als bei konventionellen Batterien (Bild 81).
– Absolute Wartungsfreiheit über die Lebensdauer, d.h. auch bei ungünstigen Einsatzbedingungen ist kein Wassernachfüllen erforderlich.
– Die lange Lagerfähigkeit von 18 Monaten erlaubt die Auslieferung "gefüllt und geladen" auch im Handelsgeschäft.
– Das negative Gitter kann als Guß oder Streckmetall ausgeführt werden. Die Anwendung von Streckmetallgittern erlaubt eine Fertigung mit geringen Fertigungstoleranzen.
Der Einsatz von mikroporösen Taschenseparatoren mit sehr geringem Widerstand begünstigt die Startleistung und erhöht die Fertigungssicherheit. Da die Batterien wartungsfrei sind, können sie optisch verschlossen ausgeführt werden.

Bild 81: Startleistung in Abhängigkeit von der Lebensdauer.

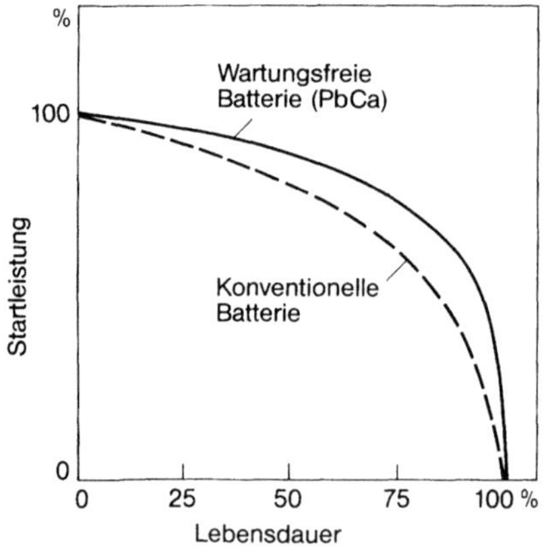

Baureihe Nkw-Batterien

Nkw-Batterien werden unter sehr unterschiedlichen Bedingungen eingesetzt. Für Schlepper, Baumaschinen und Baustellenfahrzeuge ist neben der Rüttelfestigkeit auch die hohe Startleistung wichtig. Für (Stadt-)Busse, Auslieferungsfahrzeuge mit Ladebordwand und Lkw mit zusätzlichen elektrischen Verbrauchern steht die Zyklenfestigkeit im Vordergrund.
Alle unsere Nkw-Batterien > 88 Ah werden rüttelfest gebaut. HD-Batterien haben zusätzlich Separatoren mit Glasvlies und Festeinbau. Zyklisch belastbare Batterien weisen dicke Platten auf. Der Einsatz von Blei-Calcium-Gittern bietet sich bei Nkw-Batterien aus folgenden Gründen an:
– Auch hier sehr niedriger Wasserverbrauch über die Lebensdauer; die Batterien sind wartungsfrei. Dies gilt selbst bei erhöhter Temperatur, da der Wasserverbrauch nicht (wie bei konventionellen Batterien durch die verstärkte Antimonvergiftung bedingt) überproportional ansteigt.
– Bei Saisonbetrieb erübrigt sich eine Nachladung während der Standzeit durch die sehr geringe Selbstentladung.
– Im Lkw-Fernverkehr ist die hohe Überladefestigkeit vorteilhaft, die den vorzeitigen Ausfall durch Gitterkorrosion verhindert.
Bei Nkw-Batterien wird, im Gegensatz zur Bodenleistenbefestigung bei Pkw-Batterien, meistens die Kopfverspannung angewandt.

Bild 82: Wartungsfreie Batterien der Blei-Calcium-Technologie.
a) Standard-Starterbatterie, b) Hochleistungs-Starterbatterie.

a

b

Bordnetz-Auslegung

Ladebilanz

Berechnungen der Ladebilanz haben das Ziel, Aussagen über die Restkapazität einer Bordnetzanlage nach einem unbestimmten Fahrzyklus bei vorgegebener Verbraucherleistung zu gewinnen.

Berücksichtigt werden bei Ladebilanzberechnungen die aktuelle Fahrlinie, die Kennlinien von Generator, Spannungsregler und Batterie sowie die installierte Verbraucherleistung (Bild 83). Als Fahrzyklus für Pkw wird der ungünstigste Fall betrachtet, die Fahrten eines "Normal"-Arbeitnehmers im

Bild 83: Eingabedaten für die Ladebilanzrechnung.

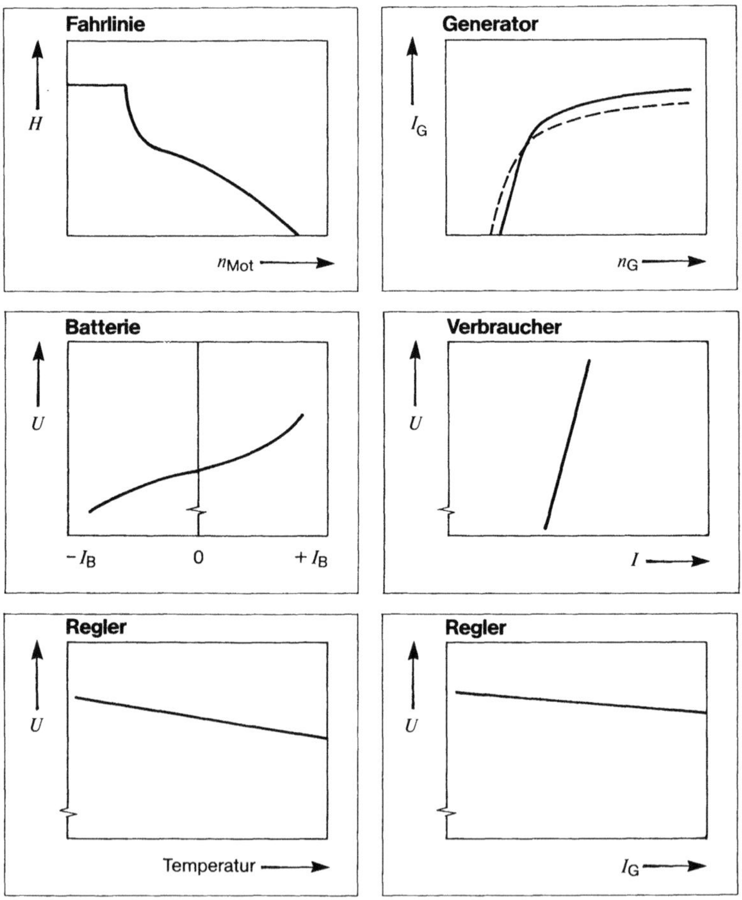

Winter (Bild 84): Samstags und sonntags je 1/2 Stunde Tagesfahrt, von Montag bis Freitag je 1/2 Stunde morgens und abends Fahrten bei Dunkelheit zur und von der Arbeitsstelle, jeweils in der Stadt. Im Vorzyklus wird eine Woche lang eine Temperatur von 0°C und im Hauptzyklus eine Woche lang eine Temperatur von –20°C angenommen. Für die Verbraucherleistung werden die üblichen Werte für Tag- und Nachtfahrten angesetzt. Im Beispiel wird eine mittlere Verbraucherleistung von 360 W angenommen.

Als Ergebnis der Ladebilanzrechnung (Bild 86) erhält man eine Kurve, die

Bild 84: Fahrzyklus für Stadtfahrt.
P_m Mittlere Verbraucherleistung.

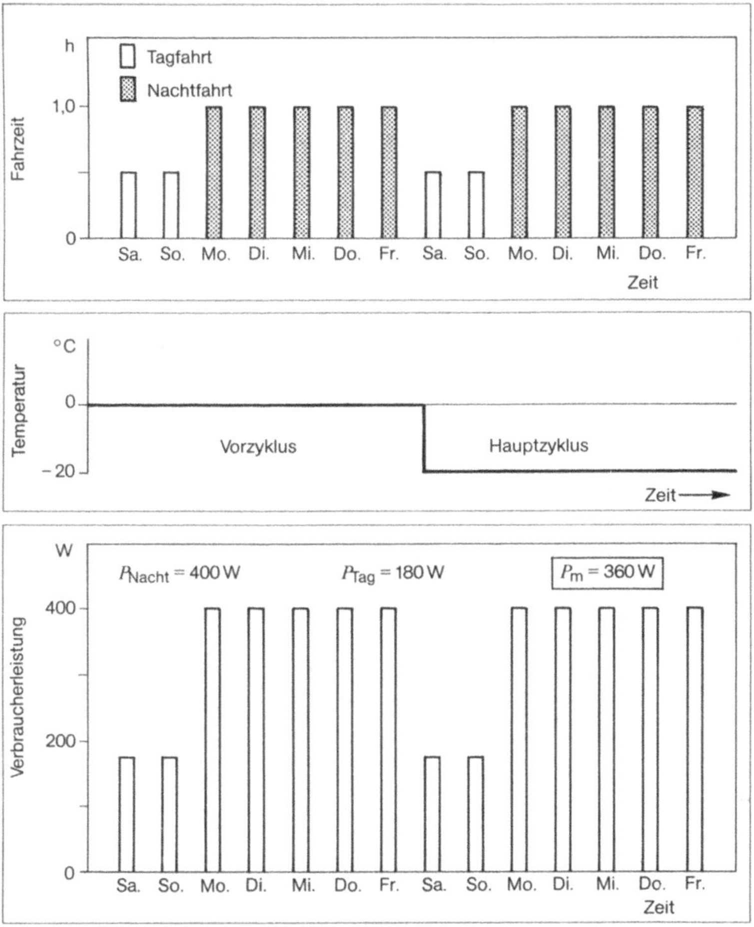

Bild 85: Variation Temperaturzyklus.
a) Temperatur, b) Ladezustand.
A: Basiszyklus, B und C: Varianten.

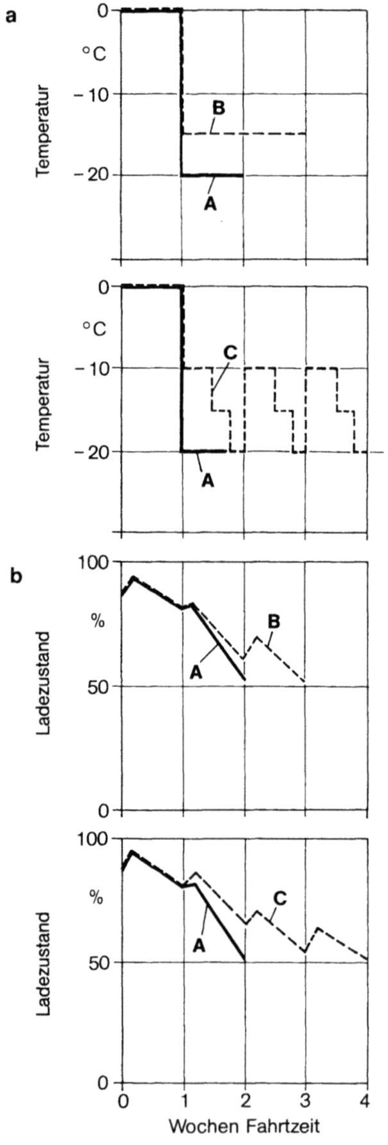

aussagt, welche Restkapazität in Prozent der Gesamtkapazität am Ende des 2-Wochen-Winter-Stadtfahrzyklus bei der angenommenen mittleren Verbraucherleistung noch vorhanden ist. Im Beispiel beträgt die Restkapazität der Batterie bei der angenommenen Verbraucherleistung von 360 W noch 75%, die Anfangskapazität war 85%.

Elektrische Anlagen, die nach dem 2-Wochen-Winter-Stadtfahrzyklus noch mehr als 50% Restkapazität aufweisen, können in der Regel als "in Ordnung" bezeichnet werden.

Im Beispiel könnte die mittlere Verbraucherleistung des Fahrzeugs ohne Nachteil für die Energieversorgung noch um etwa 100 W erhöht werden.

Unterschiedliche Temperaturprofile bei sonst gleichem Winterfahrzyklus können zu fast gleichen Ladezustandwer-

Bild 86: Ladebilanzrechnung.
P_m Mittlere Verbraucherleistung.

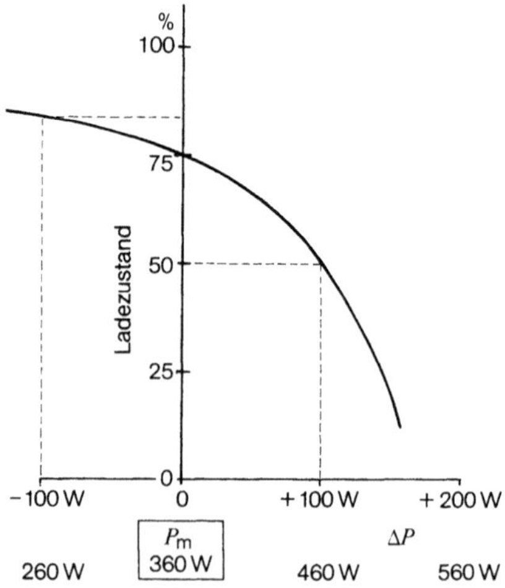

ten führen (Bild 85): Eine Woche bei 0°C und zwei Wochen bei –15°C oder eine Woche bei 0°C und drei Wochen wechselnd zwischen –10°C und –20°C. Mit dem für die Berechnungen gewählten Temperaturprofil (eine Woche bei 0°C und eine Woche bei –20°C) wird ein Zeitraffeffekt erzielt, d.h. der danach vorhandene Ladezustand ist etwa der gleiche wie nach längeren Fahrten und weniger tiefen Temperaturen.

Außer der relativen Restkapazität von 50% muß eine elektrische Anlage nach dem Fahrzyklus noch eine so hohe absolute Kapazitätsreserve haben, daß jede der folgenden Forderungen für sich erfüllt wird (Bild 87):

- Starten bei –20°C,
- 12 Stunden Brenndauer des Parklichtes,
- 3 Stunden Blinken des Warnblinklichtes,
- 2 Stunden Funktion derjenigen Verbraucher, die bei abgezogenem Zündschlüssel arbeiten, und anschließender Warmstart.

Im Bild ist die Abhängigkeit der Restkapazität vom Hubraumvolumen für diese vier Forderungen dargestellt.

Niedrigere Motorleerlaufdrehzahlen, die zur Kraftstoffersparnis angestrebt werden, wirken sich negativ auf die Ladebilanz aus (Bild 88). Mit sinkender Leerlaufdrehzahl verschlechtert sich der Ladezustand der Batterie beträchtlich. Dem muß durch besondere Maßnahmen am Generator oder beim Übersetzungsverhältnis entgegengewirkt werden.

Neben Generatorgröße und -auslegung, Übersetzungsverhältnis, Verbraucherleistung und Motorleerlaufdrehzahl hat die Fahrlinie – das ist die Verteilung der Drehzahl während eines

Bild 87: Kapazitätsreserve.

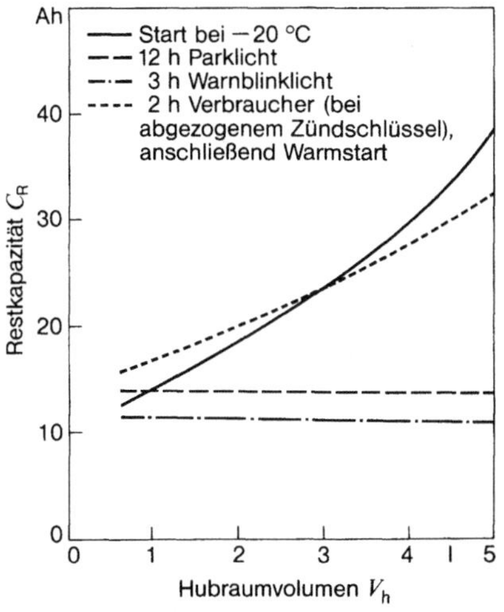

Bild 88: Auswirkung der Leerlaufdrehzahl-Absenkung auf die Ladebilanz.
P_m Mittlere Verbraucherleistung.
n_L Motorleerlaufdrehzahl.

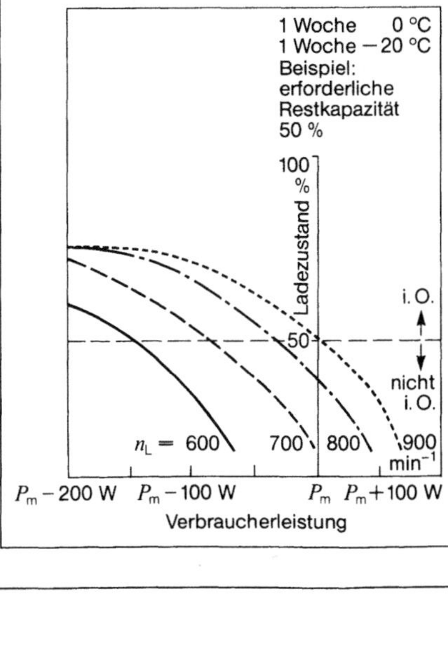

Fahrzyklus – einen großen Einfluß auf die Ladebilanz. Die Messung der Fahrlinie im Verkehr ist immer aufwendig und von Zufälligkeiten abhängig. Deshalb wird eine "synthetische Fahrlinie" angestrebt.

Zur Berechnung der Fahrlinie (Bild 89) wurde ein mathematisches Modell entwickelt. Durch Eingeben von Daten für Straße, Verkehr, Fahrzeug und Fahrer wird eine Fahrlinie berechnet, die dann dem Fahrbilanz-Rechenprogramm zugrunde gelegt wird. Damit sind Anlagenoptimierungen möglich, ohne daß gemessene Fahrlinien vorliegen.

Für Nutzfahrzeuge werden ähnliche Berechnungen durchgeführt.

Die Eingabedaten werden für die entsprechenden Komponenten übernommen. Der Fahrzyklus ist jedoch bei Nkw anders. Statt des 2-Wochen-Zyklus bei Pkw wird hier der Fahrtag betrachtet. Am Ende des Fahrtages soll noch (oder wieder) der gleiche Batterieladezustand wie zu Beginn des Fahrtages erreicht werden.

Für einen Lkw besteht der Fahrtag z.B. aus:

– Fernfahrt bei Dunkelheit (Fahrt vom Standort zum Auslieferbezirk),
– Stadtfahrt bei Tag (Waren-Auslieferung),
– Fernfahrt bei Dunkelheit (Rückfahrt zum Standort).

Aufwendiger werden die Untersuchungen für einen Stadtlinienbus. Für die Fahrt von einer Endhaltestelle zur anderen gilt die Fahrlinie, die sich während des Tages auf Grund unterschiedlicher Verkehrsdichte ändern

Bild 89: Blockschema für Fahrlinienberechnung.

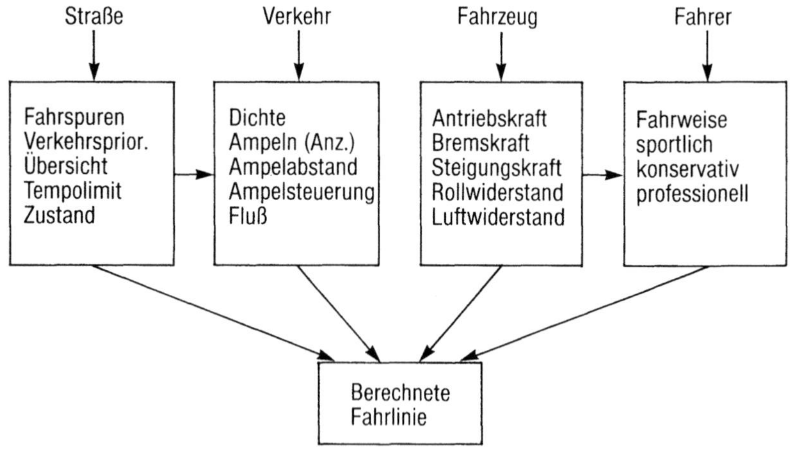

kann. Die Anzahl der Fahrten ergibt sich aus dem Fahrplan. Zu berücksichtigen sind ferner:
- Eingeschaltete Verbraucher an der Endhaltestelle bei Motorstillstand,
- eingeschaltete Verbraucher während der Fahrzeugwartung auf dem Betriebshof.

Nicht vernachlässigt werden dürfen Stillstandsverbraucher bei abgestelltem Fahrzeug (Ruhestrom für Uhren, Fahrscheinentwerter usw.). Bei einem Ruhestrom von 1A bedeutet eine Stillstandszeit von Freitagabend bis Montagmorgen eine Batterieentladung um ca. 60 Ah. Wenn am Freitag die Batterie nicht ausreichend geladen war, kann am Montag der Start erschwert oder unmöglich sein.

Noch kritischer ist die Situation bei Einsatzwagen, die nur wenige Stunden an einigen Tagen im Betrieb sind.

In vielen Fällen reicht ein großer Generator, der auch schon bei Motorleerlauf den Leistungsbedarf aller Verbraucher abdeckt, nicht aus. Das liegt daran, daß die große Batterieentladung bei abgestelltem Motor in den relativ kurzen Fahrzeiten nicht wieder nachgeladen werden kann.

Zusätzliche Maßnahmen sind:
- Reduzierung der Haltestellenverbraucher,
- Reduzierung der Stillstandsverbraucher,
- Vergrößerung der Batteriekapazität,
- Batterieheizung, um die Ladestromaufnahme im Winter zu erhöhen,
- Nachlademöglichkeit für Batterien auf dem Betriebshof,
- Fahrbetrieb- und Linienwechsel der Busse,
- Generator im Aggregatbetrieb, der insbesondere an den Endhaltestellen die eingeschalteten Verbraucher versorgt.

Kaltstart

Die Auswahl von Starter, Übersetzung, Ritzel zu Zahnkranz und Batterie muß für den jeweiligen Verbrennungsmotor so erfolgen, daß ein zuverlässiger Start unter den geforderten Randbedingungen – das sind im wesentlichen die tiefste Kaltstartgrenztemperatur und die zulässige Startzeit – sicher ermöglicht wird.

Die wichtigsten Einflußgrößen auf den Kaltstart sind:
- Starter: Drehzahlcharakteristik, Temperatur, Wirkungsgrad, Widerstand.
- Verbrennungsmotor: Übersetzungsverhältnis, Durchdrehmoment, Verdichtung, Ölviskosität, Temperatur, Zünddrehzahl, Vergaser bzw. Einspritzung, Anbauaggregate.
- Batterie: Innenwiderstand, Kapazität, Hochstromcharakteristik, Temperatur, Ladezustand.
- Zuleitung: Querschnitt, Länge, Trennstellen, Temperatur, Masseverbindung.

Für die Auswahl des passenden Starters zum jeweiligen Verbrennungsmotor müssen folgende Zusammenhänge bekannt sein:

Das Drehmoment eines Verbrennungsmotors hängt sehr stark ab vom Motortyp (Bild 90, links). Das Diagramm zeigt den prinzipiellen Verlauf für verschiedene Verbrennungsmotoren gleichen Hubraums. Der Dieselmotor hat im Vergleich zu Benzinmotoren einen wesentlich höheren Momentenbedarf, bedingt durch die höhere Verdichtung.

Das Durchdrehmoment eines Verbrennungsmotors ist auch wegen der Ölviskosität stark temperaturabhängig (Bild 90, rechts). Mit sinkender Temperatur steigt der Momentenbedarf bei gleichen Drehzahlen stark an. Im Bild ist der Verlauf des Motormomentes in Abhängigkeit von der Temperatur dargestellt.

Auch die verwendete Ölsorte hat einen großen Einfluß auf das Motordurchdrehmoment (Bild 91, links). Im Bild ist der Durchdrehwiderstand eines Verbrennungsmotors für verschiedene Motoröle dargestellt. Hieraus wird ersichtlich, daß bei tiefen Temperaturen möglichst dünnflüssiges Motorenöl verwendet werden muß, um genügend hohe Durchdreh-Drehzahlen für den Kaltstart zu erreichen.

Die Abhängigkeit des Durchdrehmomentes vom Hubraumvolumen des Verbrennungsmotors ist ebenfalls sehr groß (Bild 91, rechts). Das Diagramm zeigt den mittleren Durchdrehwiderstand von Mehrzylinder-Otto- und Dieselmotoren in Abhängigkeit vom Motorhubraum. Zu beachten ist der logarithmische Maßstab.

Auch der Einfluß der Zylinderzahl ist bei der Dimensionierung eines Starters zu beachten (Bild 92, links). Das Diagramm zeigt als Beispiel das auf das Hubvolumen bezogene Durchdrehmoment von Dieselmotoren bei verschiedenen Zylinderzahlen. Bei hohen Zylinderzahlen ist der Momentenbedarf beim Durchdrehen am kleinsten. Mit kleiner werdenden Zylinderzahlen steigt das erforderliche Drehmoment durch die zunehmende Ungleichförmigkeit beim Durchdrehvorgang stark an.

Die benötigte Mindestdrehzahl für den Start und Selbstlauf von Verbrennungsmotoren hängt von der Umgebungstemperatur und dem Motortyp ab (Bild 92, rechts). Das Übersichtsdiagramm zeigt die grundsätzlichen Verhältnisse. Generell nehmen die erforderlichen Startdrehzahlen mit sinkender Temperatur zu. Da sich auch gleichzeitig das Durchdrehmoment mit sinkender Starttemperatur erhöht, wächst die erforderliche Startleistung mit sinkender Temperatur überproportional an.

Ottomotoren mit Benzineinspritzung sind wegen ihrer guten Gemischaufbereitung startwilliger als Vergaser-

Bild 90: Typischer Durchdrehwiderstand.
a) Verschiedene Verbrennungsmotoren mit gleichem Hubraum bei –20°C,
b) Verbrennungsmotor bei verschiedenen Temperaturen.

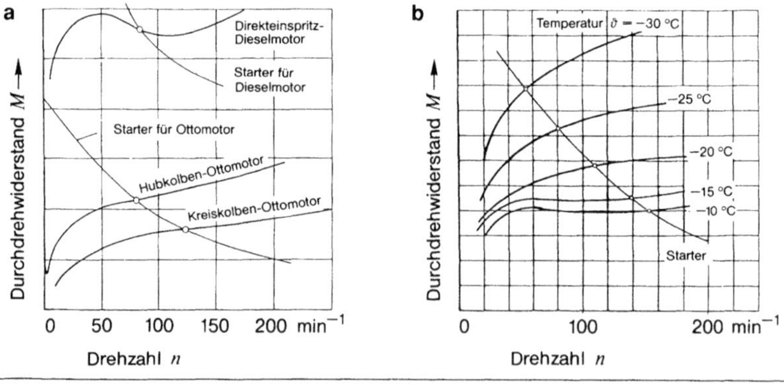

Bild 91: Typischer Durchdrehwiderstand.
a) Verbrennungsmotor mit verschiedenen Motorölen, b) Otto- und Dieselmotor bei verschiedenem Hubraum.

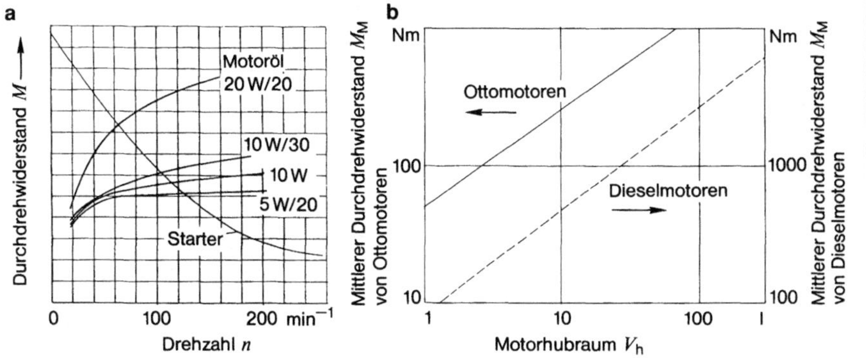

motoren. Dieselmotoren benötigen im allgemeinen eine höhere Startdrehzahl als Ottomotoren. Eine Starthilfe durch Glühstiftkerzen oder ähnliches ist bei niedrigen Temperaturen immer erforderlich.

Für die Auslegung einer Startanlage wird unter Berücksichtigung der dargestellten Zusammenhänge der Verlauf der Starterdrehzahl in Abhängigkeit von der Temperatur für unterschiedliche Kombinationen von Starter und Batterie berechnet (Bild 93). Die Kurve der erforderlichen Motordrehzahl für Zündung und Selbstlauf ist durch Erfahrungswerte aus Kaltstartversuchen bekannt. Die Schnittpunkte der beiden Kurven ergeben die jeweiligen Kaltstartgrenztemperaturen (hier im Beispiel für einen DW-Starter 1,7 kW mit 66-Ah- bzw.

Bild 92: Durchdrehwiderstand und Mindeststartdrehzahl.
a) Einfluß der Zylinderzahl auf den Durchdrehwiderstand eines Dieselmotors,
b) Mindeststartdrehzahl verschiedener Verbrennungsmotoren als Funktion der Temperatur.

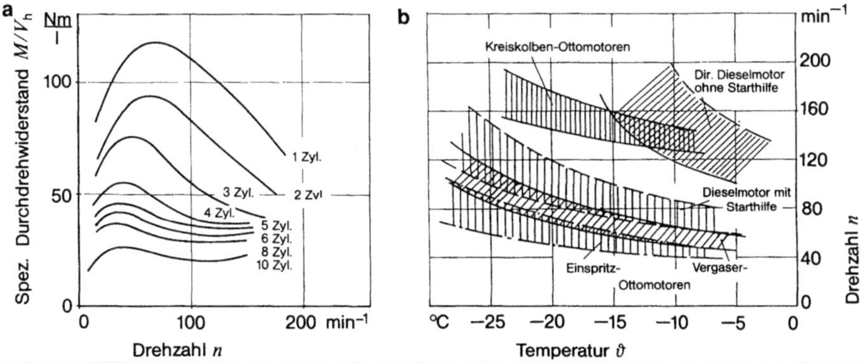

88-Ah-Batterie) –23°C bzw. –27°C. Damit ist entsprechend den vorgegebenen Kaltstartbedingungen eine Festlegung der Startanlage möglich.

Optimierung der elektrischen Anlage

Untersuchungen zur Optimierung der elektrischen Anlage eines Kraftfahrzeug-Bordnetzes werden mittels Ladebilanz- und Kaltstartberechnung, wie gezeigt, durchgeführt und die Kunden entsprechend beraten (Bild 94).
Die Erfahrung zeigt, daß durch Systemoptimierung bei Fahrzeugen mit Ottomotoren Gewichtseinsparungen von 10%...15% und bei Fahrzeugen mit Dieselmotoren Gewichtseinsparungen von 15%...20% bei der elektrischen Anlage möglich sind. Voraussetzung dabei ist, daß die elektrische Anlage vor der Optimierung eine ausgeglichene Ladebilanz hatte, andernfalls muß erst Aufwand getrieben werden, um einen ausreichenden Ladezustand herzustellen. Bei Fahrzeugen mit Dieselmotor ist die Batteriegröße im wesentlichen durch die Kaltstartbedingungen bestimmt, wogegen bei Fahrzeugen mit Ottomotor die Batteriegröße durch die Mindestkapazitätsreserve bestimmt wird. Daher lassen sich bei Fahrzeugen mit Dieselmotor insbesondere durch den Einsatz von Kaltstarthochleistungsbatterien prozentual höhere Gewichtseinsparungen erzielen.

Bild 93: Kaltstartberechnung.

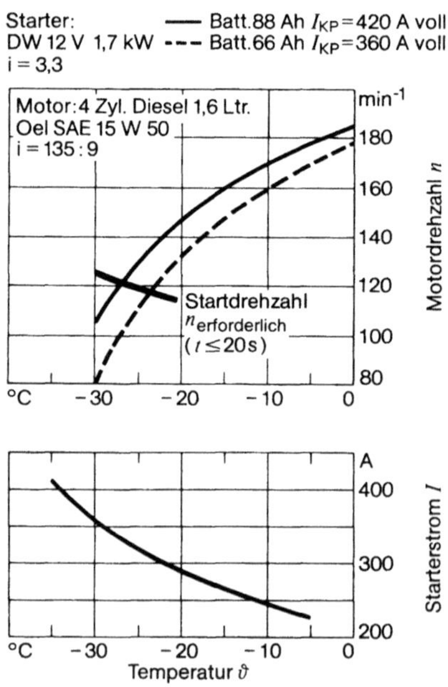

Bild 94: Optimierung.

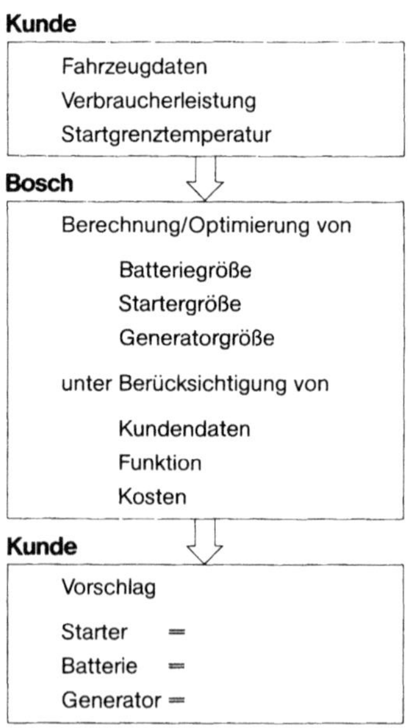

Am Beispiel eines Mittelklasse-Pkw mit Ottomotor sind die Gewichte der elektrischen Anlage vor und nach der Systemoptimierung einander gegenübergestellt (Bild 95). Die Gewichtseinsparung beträgt rund 5 kg. Außerdem werden Einbauraum und Kosten reduziert.

Kraftstoffersparnis durch besseren Generator-Wirkungsgrad

Die Ladebilanz einer elektrischen Anlage im Kraftfahrzeug läßt sich generell durch Verwendung von leistungsstärkeren Generatoren mit hoher Stromabgabe bei Leerlauf verbessern. Es erhöht sich dabei zwar das Generatorgewicht (der Mehraufwand beim Übergang von K1- auf die N1-Größe beträgt ca. 1 kg), zugleich verbessert sich aber auch der Teillastwirkungsgrad um 5 bis 10 Prozentpunkte. Durch einen verbesserten Teillastwirkungsgrad um 10 Prozentpunkte läßt sich die Generator-Leistungsaufahme um ca. 100 W reduzieren. Eine Absenkung der Leistungsaufnahme um 100 W beim Generator ergibt, gerechnet auf 100 km, eine mittlere Kraftstoffeinsparung von 0,1 l. Der Kraftstoffmehraufwand auf 100 km infolge des höheren Generatorgewichtes liegt dagegen um eine Größenordnung niedriger (Tabelle S. 88).
Generatoren mit höherem Teillastwirkungsgrad leisten deshalb trotz ihres Mehrgewichts einen Beitrag zur Kraftstoffersparnis.

Bild 95: Systemoptimierung Starter-Batterie-Generator.

Starter	GF 1,1 kW	6,3 kg	DW 1,1 kW	3,6 kg
Batterie	63 Ah/300 A	17,2 kg	45 Ah/220 A	13,9 kg
Generator	K1-23/65 A	4,8 kg	N1-29/80 A	5,8 kg
		28,3 kg		23,3 kg

Bild 96: Startgrenztemperatur abhängig von Batterietyp und -Entladezustand.

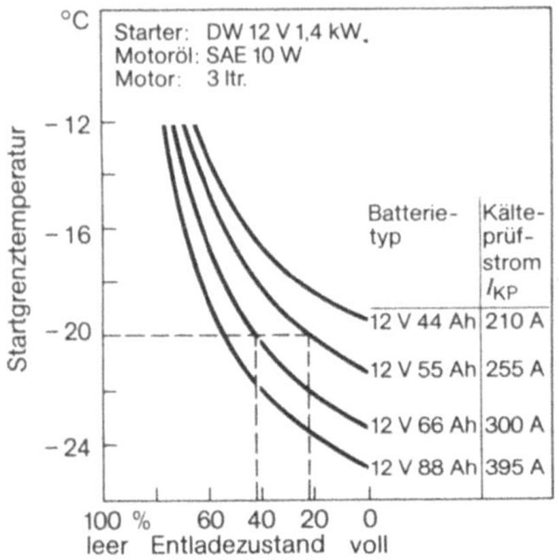

Niedrigere Startgrenztemperatur durch besseren Ladezustand

Eine Ladezustandsverbesserung bzw. -verschlechterung der Batterie um 20% bedeutet beispielsweise die Einsparung bzw. die Einbuße einer Batteriegröße (ca. 2 kg) bei gleicher Kaltstartgrenztemperatur (Bild 96). Denn maßgebend für die Kaltstartfähigkeit einer Startanlage ist der absolute Energieinhalt der Batterie. Die tatsächliche Kaltstartgrenztemperatur hängt also in starkem Maße von einer guten Ladebilanz ab. Beachtet werden muß, daß die Gefrierschwelle der Batteriesäure nicht unterschritten wird.

Kraftstoffersparnis durch höheren Teillastwirkungsgrad

	Stadt	Landstraße	Autobahn
Δ l/100 km bei Δ 100W	0,15	0,08	0,02
Anteil	47%	33%	20%
Mittlere Einsparung auf 100 km		0,1 l/100 W	
Mehrverbrauch durch Mehrgewicht auf 100 km		0,01 l/kg	

Bild 97: Dynamische Systemkennlinien.
a) Vor Optimierung, b) nach Optimierung.

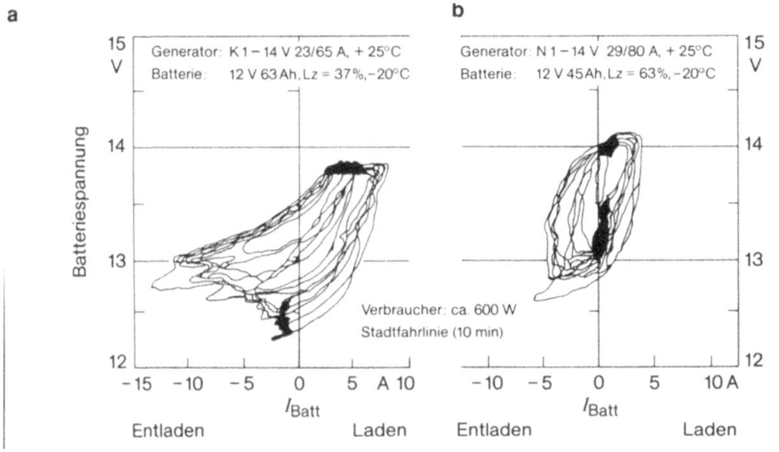

Dynamische Systemkennlinie

Das Zusammenwirken von Batterie, Generator und Verbraucher, abhängig vom jeweiligen Betriebszustand, führt zur dynamischen Systemkennlinie. Diese kann im Fahrbetrieb mittels x/y-Schreiber an den Klemmen der Batterie gemessen werden (Bild 97).

Die Systemkennlinie ist spezifisch für jede Kombination und jede Betriebsbedingung und ist damit eine dynamische Angabe. Veränderungen eines Parameters verändern auch die Systemkennlinie.

Die dynamische Systemkennlinie ist nicht wie die statische Systemkennlinie eine Gerade, sondern sie ist mit einer Hysterese behaftet, die von Batterieladezustand und Temperatur, von der Verbraucherleistung, von Generatorgröße und Spannungsreglereinstellung und von den Fahrzyklen abhängt. Der Ladebereich ist gekennzeichnet durch die Spannungsreglerkennlinie, der Entladebereich ist charakterisiert durch die Batteriekennlinie und die Stromspannungskennlinie der Verbraucher. Aufgenommen wurden die Häufigkeiten innerhalb einer Stadtfahrlinie von 10 Minuten bei –20°C.

Vergleicht man die optimierte Anlage mit einem größeren Generator und einer kleineren Batterie bei ausgeglichener Ladebilanz mit der bisherigen Anlage mit einem kleinen Generator und einer größeren Batterie, so zeigt sich, daß die Optimierung zu kleineren Lade-/Entladeströmen und zu einem höheren und engeren Spannungsniveau beiträgt. Dies vermindert die zyklische Belastung der Batterie und erhöht deren Lebensdauer.

Der Spannungsregler begrenzt nur dann die Systemspannung nach oben, wenn der Generator ausreichend groß dimensioniert ist. Anlagen mit zu kleinem Generator haben ein niedriges Spannungsniveau, das vom Spannungsregler nicht beeinflußt werden kann.

Die Spannungsregler-Betriebszeit ist bei Stadtfahrten relativ klein (5%... 30%), bei Überlandfahrten mit niedriger Verbraucherleistung nahezu 100%.

Bordnetzausbildung

Die Art der Verkabelung zwischen Generator, Batterie und Verbrauchern beeinflußt ebenfalls das Spannungsniveau und damit den Batterieladezustand.

Sind alle Verbraucher batterieseitig angeschlossen, fließt auf der Ladeleitung der Gesamtstrom zu Batterie und Verbraucher. Hier ergibt sich ein hoher Spannungsabfall, der die Ladespannung an der Batterie vermindert. Werden dagegen alle Verbraucher generatorseitig angeschlossen, ist der Spannungsabfall auf der Ladeleitung zur Batterie kleiner, und die Ladespannung wird höher. Dabei können Verbraucher, z.B. elektronische Steuerungen, die empfindlich gegen Spannungsspitzen oder hohe Spannungswelligkeit sind, beeinflußt werden.

Als Beispiel für den Einfluß der Bordnetzverkabelung auf die Welligkeit der Spannung an Generator, Verbraucher und Batterie wird der Fall "Batterie im Kofferraum" gezeigt (Bild 98).

– Oben: Die Batterie wird aus Gewichtsverteilungsgründen in den Kofferraum verlegt (lange Leitung), die Verbraucher sind direkt am Generator angeschlossen, die Welligkeit der Spannung an den Verbrauchern ist hoch.

Bild 98: Beeinflussung der Spannung durch die Verkabelung.

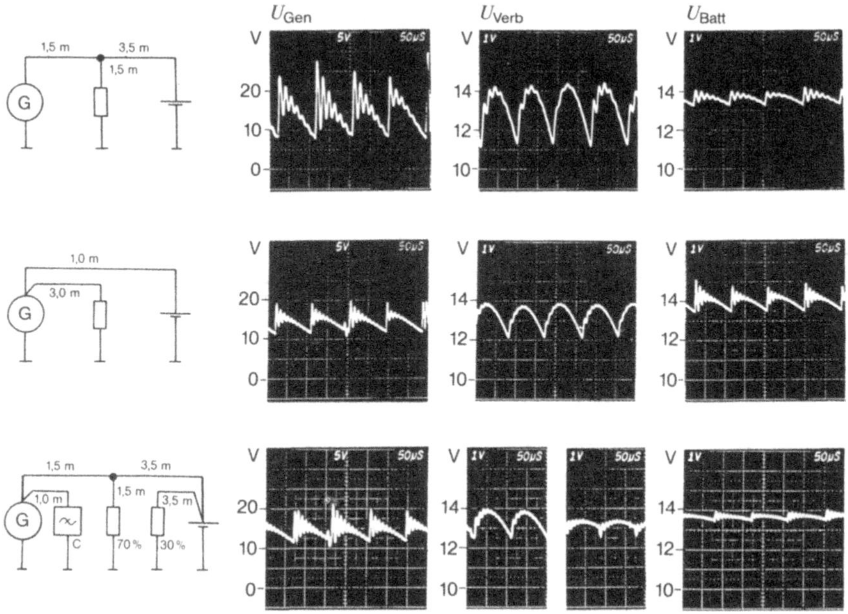

Generator N1 – 14 V 40/115 A mit Zusatzdioden und Entstörkondensator 2,2 µF, Batterie 12 V 55 Ah

n_{Gen} = 18 000 min^{-1}, I_{Gen} = 130 A, Filter: C = 2200 µF

– Mitte: Zum Vergleich ist ein normales Bordnetz dargestellt, die Verbraucher sind direkt mit dem Generator verbunden, die Welligkeit der Spannung an den Verbrauchern ist niedriger.

– Unten: Die spannungsempfindlichen Verbraucher sind an der Batterie und die spannungsunempfindlichen Verbraucher am Generator angeschlossen. Zusätzlich ist noch ein Filter vorgesehen. Mit dieser Schaltung lassen sich akzeptable Ergebnisse bezüglich der Welligkeit der Verbraucherspannung erreichen.

Bild 99: Bordnetz mit Anschluß spannungsempfindlicher Verbraucher an der Batterie und leistungsstarker Verbraucher am Generator.

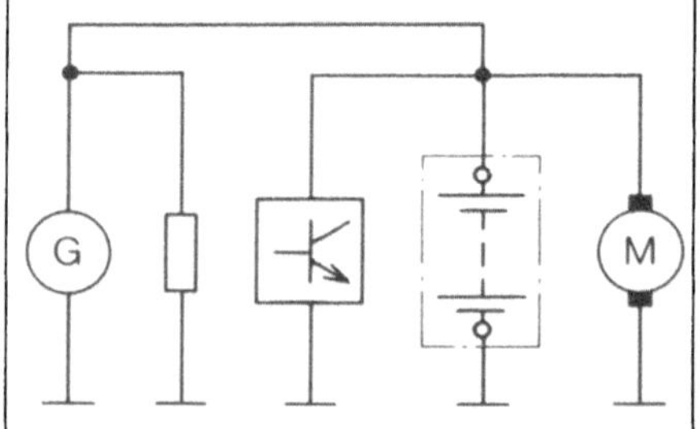

Bild 100: Auslegungsvergleich 12/24V für Starter DW 12V 1,4kW.
a) Kennlinie und maximale Startleistung P_{max}, b) Widerstände R, Spannungsabfälle U und Leistungen P bei 12V und 24V.

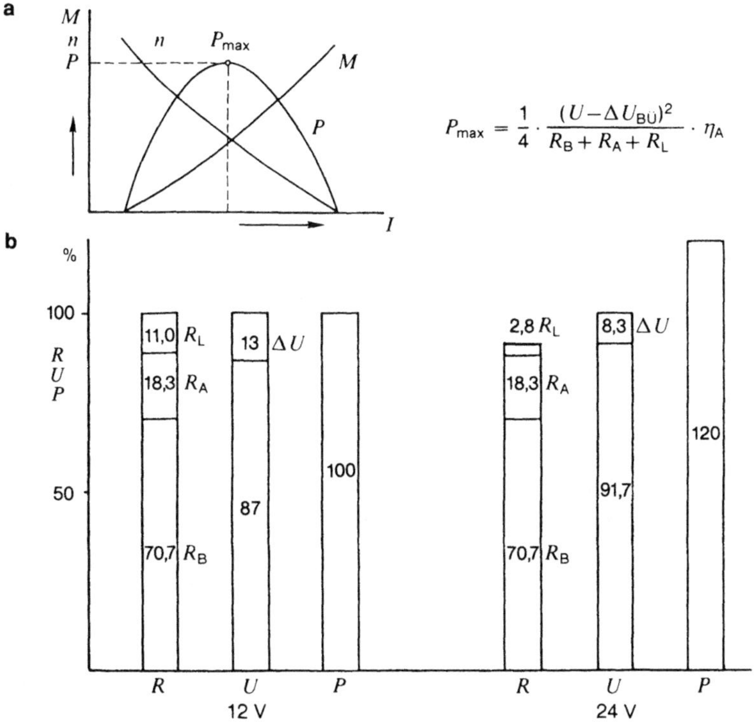

$$P_{max} = \frac{1}{4} \cdot \frac{(U - \Delta U_{BÜ})^2}{R_B + R_A + R_L} \cdot \eta_A$$

Als Kompromiß empfiehlt sich deshalb (Bild 99):

– Leistungsstarke Verbraucher, die gegen Spannungsschwankungen unempfindlich sind, direkt am Generator anschließen. Ausnahme: Der Starter sollte möglichst niederohmig mit der Batterie verbunden sein.

– Spannungsempfindliche Verbraucher mit kleinerer Leistungsaufnahme direkt an der Batterie anklemmen.

Durch geeignete Leitungsquerschnitte, gute Verbindungsstellen, deren Übergangswiderstände sich auch nach längerer Betriebszeit nicht verschlechtern sollten, können Spannungsabfälle klein gehalten werden.

Bordnetzspannungen über 12V

Starter und Generatoren für 24V

Zur Zeit wird in allen Pkw 12V als Bordnetzspannung angewandt. Bei Nkw, zumindest in Europa, ist aber 24 V Standard; in USA überwiegen noch 12-V-Bordnetze.

Es stellt sich die Frage, ob mit zunehmender Verbraucherleistung ein 24-V-

Bordnetz nicht auch für Pkw-Anwendungen Vorteile bietet.

Es wurde daher ein Auslegungsvergleich 12V/24V für Pkw-Starter und -Generatoren durchgeführt. Für die Bewertung wurden folgende Voraussetzungen zugrunde gelegt:

– Beim Übergang von 12V auf 24V verdoppelt sich die Leiterzahl, die Querschnitte werden halbiert.

– Gleich bleiben Geometrie, d.h. Längen und Durchmesser, Materialeinsatz, d.h. Eisen- und Kupfergewichte sowie die Ausnutzung, d.h. elektrische, magnetische und thermische Beanspruchungen.

Starter:

Beim Starter errechnet sich die maximal abgebbare Kaltstartleistung aus dem Quotienten der zur Verfügung stehenden Spannung und der Summe aller Widerstände der Startanlage multipliziert mit einem Ausbeutefaktor, der Reibungs- und Eisenverluste berücksichtigt (Bild 100). Im Diagramm sind die bezogenen Werte für die Widerstände und Spannungsabfälle bei 12V und 24V Nennspannung aufgetragen.

Man sieht, daß bei 24V prozentual geringere Zuleitungswiderstände und Bürstenspannungsabfälle auftreten. Dies allein führt zu Leistungserhöhungen bis zu 20% (Bild 101).

Bei Startern ist bei Erhöhung der Bordnetzspannung von 12V auf 24V im Leistungsbereich >1 kW ein Übergang von 2-Leiter-Stab- auf 4-Leiter-Drahtwicklung erforderlich. Diese Technologie ist von den kleinen Startern her vorhanden und wird beherrscht.

Für Leistungen < 1 kW, bei denen heute eine 4-Leiter-Drahtwicklung verwendet wird, müßten neue Wickeltechniken mit 8 oder mehr Leitern pro Nut, ähnlich wie

Bild 101: Auslegungsvergleich 12/24V für Pkw-Starter.

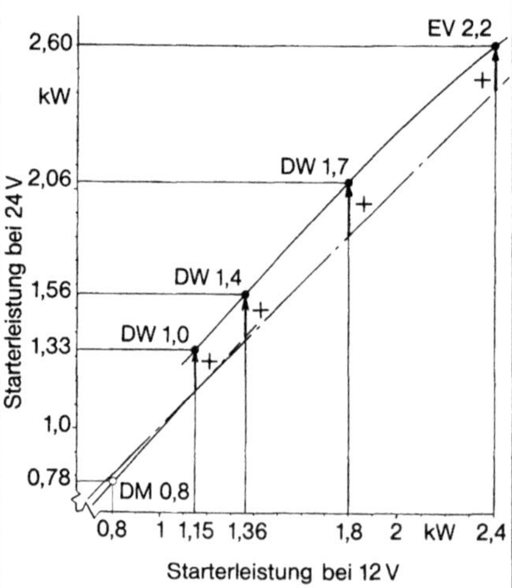

Bild 102: Auslegungsvergleich 14/28V für Pkw-Generatoren.

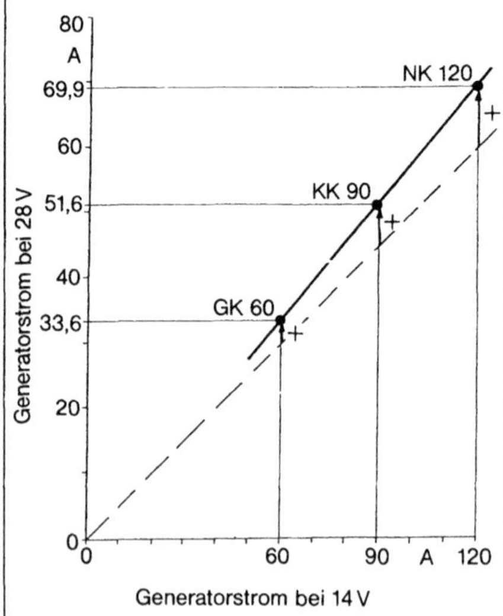

Bild 103: Auslegungsvergleich 14/28V für Generator KK 14V 90A.
a) Kennlinie und Maximalstrom I_{max}, b) Widerstände R, Spannungsabfälle U und Leistungen P bei 14V und 28V.

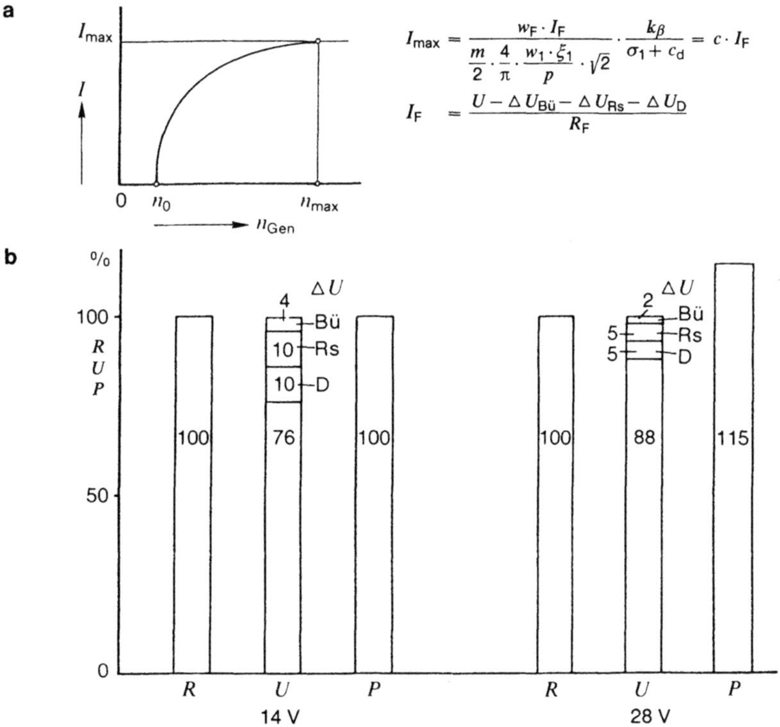

$$I_{max} = \frac{w_F \cdot I_F}{\frac{m}{2} \cdot \frac{4}{\pi} \cdot \frac{w_1 \cdot \xi_1}{p} \cdot \sqrt{2}} \cdot \frac{k\beta}{\sigma_1 + c_d} = c \cdot I_F$$

$$I_F = \frac{U - \Delta U_{Bü} - \Delta U_{Rs} - \Delta U_D}{R_F}$$

bei Kleinmotoren entwickelt werden, da die Nutzahlen nicht weiter gesteigert werden können. Durch den ungünstigen Wickelfaktor der vielen dünnen Ankerdrähte ergeben sich in diesem Fall keine Vorteile bei höherer Spannung als 12V.

Generator:

Beim Generator errechnet sich der maximale Ständerstrom bei vorgegebener Ständerwicklung aus der Durchflutung der Läuferwicklung und Geometriefaktoren. Der Maximalstrom ist also proportional dem Erregerstrom, der sich aus der zur Verfügung stehenden Spannung und dem Erregerwiderstand ergibt (Bild 103).

Im Diagramm sind die bezogenen Werte für die Widerstände und Spannungsabfälle bei 14V und 28V Nennspannung aufgetragen.

Man erkennt, daß sich bei 28V prozentual geringere Spannungsabfälle an Leistungshalbleitern und Bürsten ergeben. Dies führt zu einer Erhöhung der Erregerdurchflutung und damit zu einer Leistungssteigerung bis zu 15% (Bild 102). Das leistungsbegrenzende

Bauteil ist jetzt nicht mehr die Erregerwicklung bzw. der Gleichrichter, sondern die Ständerwicklung.
Der Übergang von 12 V auf 28 V Bordnetzspannung ist bei Generatoren ohne Änderung der Wickeltechnik mit heutigen Einrichtungen möglich. Im Gegenteil, für leistungsstärkere Generatoren sind dünnere Drähte leichter wickelbar. Ein weiterer Vorteil bei 28 V ergibt sich für die Leistungsdioden und die Spannungsregler-Endstufe; es wird nur die halbe Siliziumfläche benötigt.

Übriges Bordnetz
Eine höhere Bordnetzspannung als 12 V ist aber nicht nur für Starter und Generatoren, sondern auch für einen großen Teil der übrigen Verbraucher im Bordnetz interessant. Die Tabelle (siehe unten) gibt einen Überblick über die Vorzugsspannungen der einzelnen Erzeugnisse.

	Vorzugsspannung (V)			
Erzeugnis	<12	12	24	>24
Steuergeräte		•		
– Steuerteil	•			
– Leistungsteil			•	
Beleuchtung		•		
Heizungen			•	
Heck-/Front-scheibenheizung				•
Motoren < 150W		•		
Motoren > 150 W			•	
mechan. Relais		•		
Magnetventile			•	
Batterie		•		
Starter			•	
Generator			•	
Verkabelung			•	
Korrosion		•		
Berührungs schutz		•		
Brandgefahr		•		

– Elektronische Steuergeräte: Für den Steuerteil (Stabilisierung, integrierte Schaltungen) sind Spannungen unter 12 V vorteilhaft, wogegen der Leistungsteil bei 24 V (Siliziumfläche) günstiger ausfällt. Wenn keine unterschiedlichen Spannungen bei Steuer- und Leistungsteil verwendet werden, ist 12V der richtige Kompromiß.
– Beleuchtung: Bei Scheinwerferlampen ist eine höhere Bordnetzspannung als 12 V mit einer Lebensdauerreduzierung (dünnerer Glühfaden) und einer geringeren Lichtausbeute (Fokussierung) verbunden. Die sonstigen Lampen sind weniger stark betroffen.
– Für Heck- bzw. Frontscheibenheizungen sind höhere Spannungen als 12 V günstiger, um dünnere Heizdrähte bzw. geringere Foliendicken zu erreichen. Dadurch wird die Transparenz verbessert.
– Kommutator- und auch EC-Motoren sind bei kleinerer Leistung mit 12-V-Anschluß aufwandsärmer herzustellen (Magnete, Kommutator, Bürsten), während bei höheren Leistungen eine Spannungsversorgung mit 24 V vorteilhafter ist (Elektronik).
– Für mechanische Relais ist 12-V-Bordnetzspannung wegen der Abschaltprobleme (Lichtbogen-Brennspannung) günstiger, wogegen Magnetventile bei 24V leichter auszulegen sind (relativer Spannungsabfall kleiner).
– Bei der Batterie nimmt beim Übergang von 12V auf 24V die Zahl der Zellenverbinder und damit auch das Gewicht zu, allerdings ist die Startleistung höher.

– 24 V ermöglichen bei Startern und Generatoren höhere Leistungsgewichte und günstigere Wirkungsgrade als 12 V, siehe vorn.
– Der Kabelbaum kann bei 24 V deutlich leichter ausgeführt werden, jedoch ist den Punkten Korrosion, Berührungsschutz und Brandgefahr höhere Aufmerksamkeit zu widmen.
Bewertung:
Ein 24-V-Bordnetz hat langfristig betrachtet Vorteile gegenüber einem 12-V-Bordnetz durch leichtere elektrische Maschinen, kleinere Leistungshalbleiter und dünnere Kabel, die die Nachteile bezüglich Lampen, Korrosion und IC-Technologie überwiegen. Mit oder ohne Multiplex wird daher langfristig in künftigen Bordnetzkonzepten 24 V auch für Pkw-Anwendungen kommen. Ein 48-V-Bordnetz wird sich in absehbarer Zeit kaum durchsetzen.
Als Zwischenlösung für hohe Leistungen kommen in Betracht:
– Zwei Generatoren parallel geschaltet oder ein Doppelgenerator für 12-V-Bordnetze (Bild 104, oben).
– Zwei Generatoren in Reihe, beide von Masse isoliert, 3-Leiter-Netz für 12 V und 24 V (Bild 104, unten).
Die leistungsstarken Verbraucher werden an 24 V angeschlossen. Die leistungsschwächeren Verbraucher und die Lampen liegen an 12 V. Die elektronischen Steuergeräte erhalten eine passende stabilisierte Gleichspannung.

Bild 104: Bordnetz-Weiterentwicklung für hohe Leistungen.
a) 12-V-Bordnetz, b) 24/12-V-Dreileiter-Bordnetz.

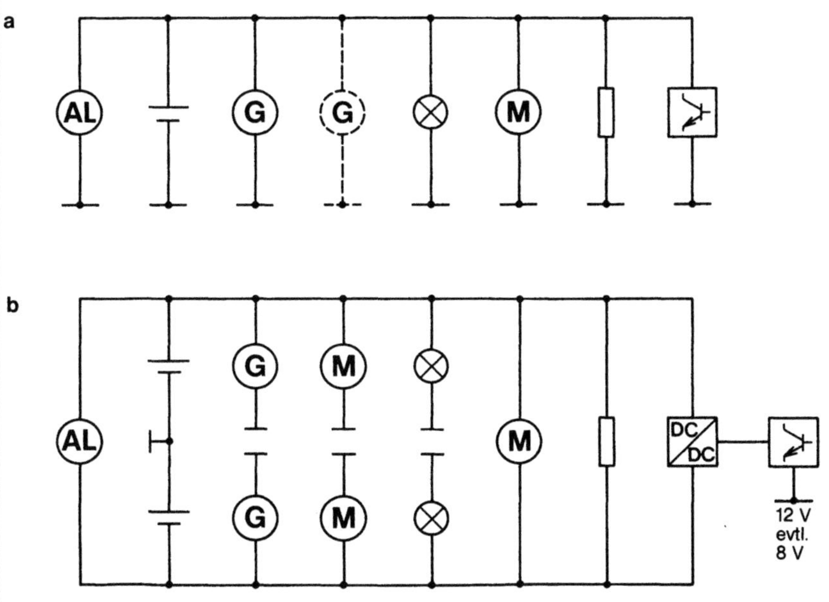

Leistungszenerdioden
In neuer Chip-Technik (besonders reines Silizium-Ausgangsmaterial, neue Diffusions- und Metallisierungsverfahren) wurden Leistungsdioden mit Zenereffekt entwickelt. Die ZH1 (25A)- und ZH2 (35A)-Dioden sind Zenerdioden mit Silizium-Chip in p+nn+ -Zonenfolge. Montage und Verpackung wurden von dem heutigen Leistungsdiodenkonzept ED7 übernommen.
Die neuen ZH-Leistungsdioden können ohne Änderungen in den Gleichrichtern aller Generatoren anstelle der ED7-Dioden eingesetzt werden und bieten gleichzeitig einen wirksamen Bordnetzschutz für alle elektronischen Komponenten gegen Spannungsspitzen.

Dies hat folgende positive Auswirkungen (Bild 105):
– Die Spannung des Generators bei Load Dump und batterielosem Betrieb wird begrenzt auf Zenerspannung plus Flußspannung, die negativen Spannungsspitzen werden auf die doppelte Flußspannung begrenzt, und die positiven Spannungsspitzen aus dem Bordnetz werden auf doppelte Zenerspannung begrenzt.
– Dadurch kann die Spannungsfestigkeit des Spannungsreglers und der elektronischen Verbraucher je nach Bordnetzverkabelung reduziert werden.
Die Ansprechspannung der ZH-Dioden beträgt bei einem 14-V-Generator 19V...23V, bei einem 28-V-Generator 34V...40V. Für die Gleichrichterfertigung ist ein gewisser Logistikaufwand erforderlich, da die Zenerspannungen pro Gleichrichter nur um maximal 1 V differieren dürfen, damit bei der Abschaltung keine Überlastungen einzelner Dioden vorkommen.

Auf dem Bild ist der zeitliche Verlauf einer Lastabschaltung bei Betrieb ohne Batterie im 12-V- und 24-V-Bordnetz ohne und mit Zenerdioden dargestellt (Bild 106 und 107). Der wirksame Bordnetzschutz von Leistungszenerdioden ist daraus ersichtlich.

Betriebssicherheit
Ist der Generator unterdimensioniert, kann der Energiebedarf der eingeschalteten Verbraucher bei Motorleerlauf nicht mehr abgedeckt werden. Die Batterie muß dann den Fehlbedarf an Strom liefern. Als Folge sinkt mit abnehmender Batteriekapazität die Spannung im Bordnetz. Dies kann zum plötzlichen Zusammenbruch des Bordnetzes führen und damit zum Liegenbleiben des Fahrzeuges, weil wichtige elektri-

Bild 105: Schaltbild eines Generators mit Zenerdioden.
U_F Flußspannung, U_Z Zenerspannung.

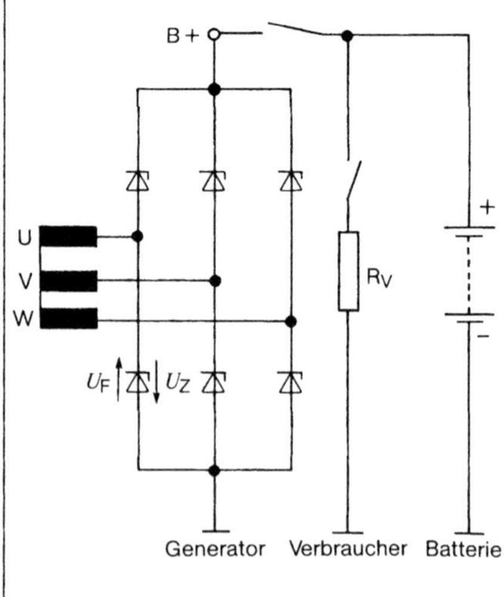

sche und elektronische Einrichtungen nicht mehr funktionieren. Eine ausgeglichene Ladebilanz ist daher auch ein aktiver Beitrag zur Sicherheit.
Große Bedeutung muß auch der Anschlußtechnik der elektrischen Leitungen im Bordnetz gewidmet werden. Korrosion und Schüttelbeanspruchungen gefährden die elektrischen Kontaktverbindungen und können zum Ausfall der elektrischen Anlage führen. Hier sollte bei den energiezuführenden Leitungen den Schraubverbindungen gegenüber den Steckverbindungen eindeutig die Präferenz gegeben werden. Steckverbindungen sollten durch konstruktive Maßnahmen aufgrund vorliegender Erfahrung so geschützt werden, daß sie den Umwelteinflüssen im Kfz widerstehen.

Bild 106: Lastabschaltung bei Betrieb ohne Batterie im 12-V-Bordnetz.

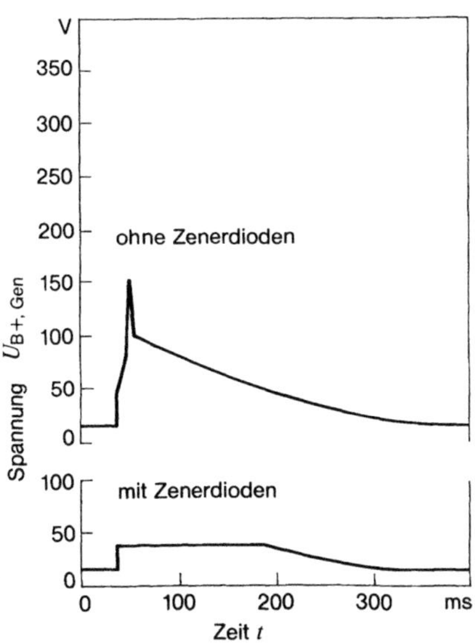

Bild 107: Lastabschaltung bei Betrieb ohne Batterie im 24-V-Bordnetz.

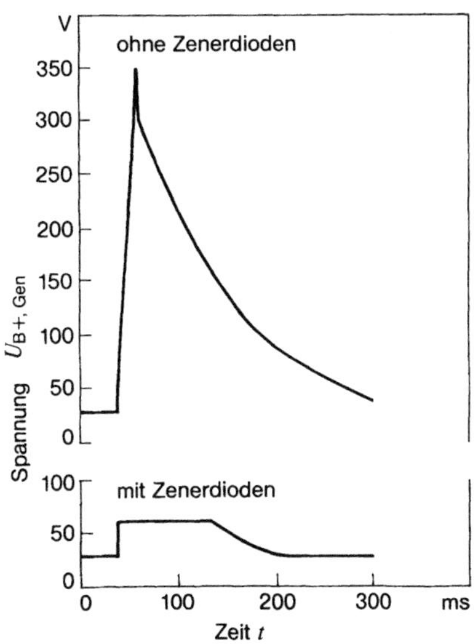

Ausblick: Schwungrad-Starter-Generator

Herkömmlich werden im Kraftfahrzeug für die Aufgaben "Starten" und "Stromerzeugen" zwei an diese beiden Betriebsarten optimal angepaßte elektrische Maschinen eingesetzt.

Ein Schwungrad-Starter-Generator vereint beide Funktionen in einer elektrischen Maschine (Bild 108). Der Läufer bildet den äußeren Teil der Kupplung und tritt an die Stelle der bisherigen Schwungmasse, der Ständer ist in das Kupplungsgehäuse integriert. Die Kupplung 1 ist die normale Schaltkupplung, die zwischen Schwungrad und Getriebe angeordnet ist. Die Zusatzkupplung 2 mit elektronisch gesteuertem Servo wird für den Startvorgang benötigt, weil das erforderliche Drehmoment zum direkten Durchdrehen des Verbrennungsmotors von der elektrischen Schwungradmaschine mit vertretbarem Aufwand hinsichtlich Platzbedarf und Gewicht nicht aufgebracht werden kann. Deshalb wird zum Start zunächst das leerlaufende Schwungrad beschleunigt. Der eigentliche Startvorgang erfolgt dann durch schnelles Schließen der Kupplung 2 bei einer zum Starten ausreichenden Schwungrad-Drehzahl. Der anschließende Generatorbetrieb erfolgt durch eine entsprechende Betriebsweise der Schwungradmaschine. Um Kohlebürsten zu vermeiden, kommen nur Drehfeldmaschinen in Frage:

Die Asynchronmaschine mit Kurzschlußläufer oder die permanenterregte Synchronmaschine. Beide Maschinenarten erfordern eine Leistungselektronik mit zugehöriger Regelung, die das für die jeweilige Betriebsart erforderliche Drehfeld mittels eines Drehstromsystems mit einstellbarer Amplitude, Frequenz und Phasenlage aus der Gleichspannung des Kraftfahrzeug-Bordnetzes bereitstellt.

Bild 108: Schwungrad-Starter-Generator.

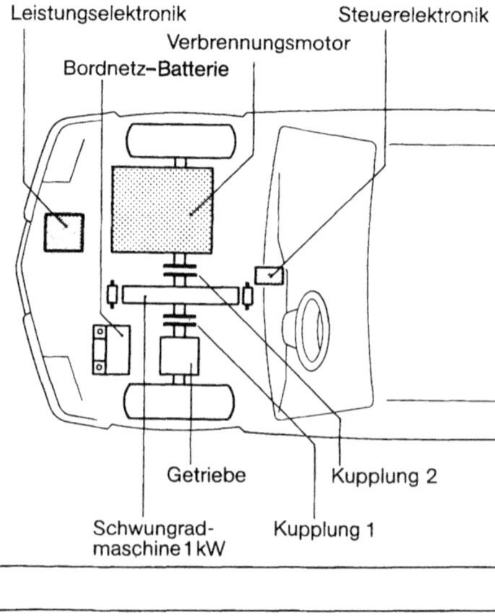

Bild 109: Allgemeiner Aufbau einer Drehstrommaschinenregelung.

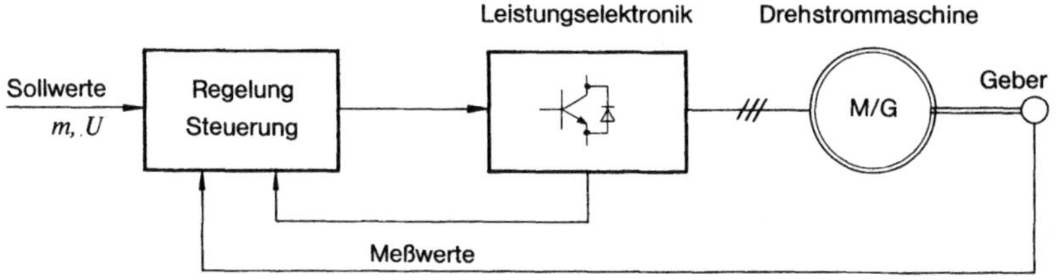

Die Kaltstartmessung zeigt einen Schwungrad-Startvorgang (Bild 110). Zunächst wird das Schwungrad auf eine zum sicheren Start ausreichende Drehzahl von ca. 1000 min^{-1}, abhängig von der Temperatur, beschleunigt. Wenn dieser Wert erreicht ist, wird die Kurbelwelle nach Schließen der Kupplung 2 in ca. 50 Millisekunden auf Schwungrad-Drehzahl beschleunigt, nach Überwinden einiger Kompressionen erfolgt der Selbstanlauf der Verbrennungsmaschine.

Die für beide Drehstrommaschinen erforderliche Antriebsstruktur setzt sich aus der Regelung/Steuerung, der Leistungselektronik, der Maschine und dem Geber zusammen (Bild 109).

Antrieb mit Asynchronmaschine

Beim Asynchronantrieb wird ein 3phasiger, hochpoliger Kurzschluß-Käfigläufer kurzer Bauart verwendet, um die Verlängerung des Antriebsstranges möglichst klein zu halten (Bild 111). Das Bild zeigt die konstruktive Ausführung der

Bild 110: Startvorgang eines Schwungrad-Starter-Generators (Beispiel für –4°C).

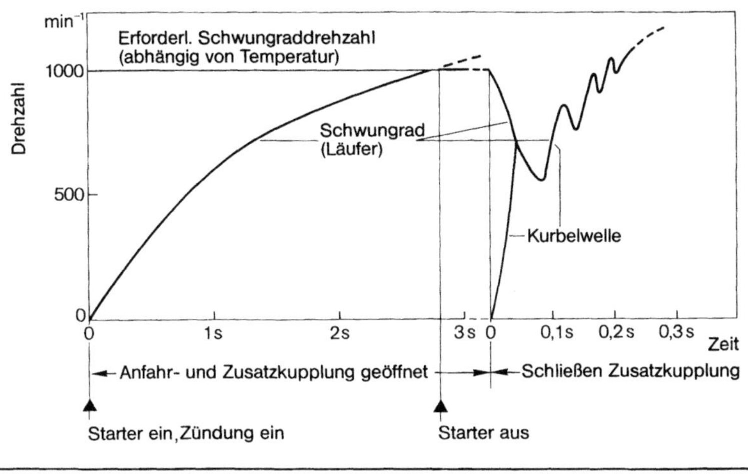

Asynchronmaschine mit Kupplungsanordnung.

Als Leistungsteil kommt ein Transistor-Pulswechselrichter zum Einsatz (Bild 114). Wegen der kleinen Streuinduktivität der Asynchronmaschine sind Schaltfrequenzen von ca. 10 kHz erforderlich, so daß neben der Strombelastbarkeit von max. 200 A auch ein thermisch optimaler Aufbau gewährleistet sein muß, um die Verlustleistung der Halbleiter sicher an die Umgebung abzuführen.

Die Regelung wird von einem Mikrorechner vorgenommen (Bild 112). Die Schnittstelle zum Leistungsteil bilden zwei analoge Stromsollwerte, die unterlagerte 3phasige Stromregelung ist somit als Teil der Leistungselektronik aufzufassen. Im Startbetrieb wird das höchstmögliche Drehmoment durch eine Kennliniensteuerung eingestellt: Die Ständerstromamplitude wird auf einen durch die Leistungselektronik bestimmten Maximalwert festgelegt – es sei denn, daß eine zu stark entladene Batterie eine geringere Stromentnahme erfordert – und

Bild 111: Schwungrad-Starter-Generator: Asynchronmaschine mit Kupplungsanordnung.
1 Rotor, 2 Stator, 3 Zusatzkupplung 2, 4 Fahrkupplung 1, 5 Motorseite, 6 Getriebeseite.

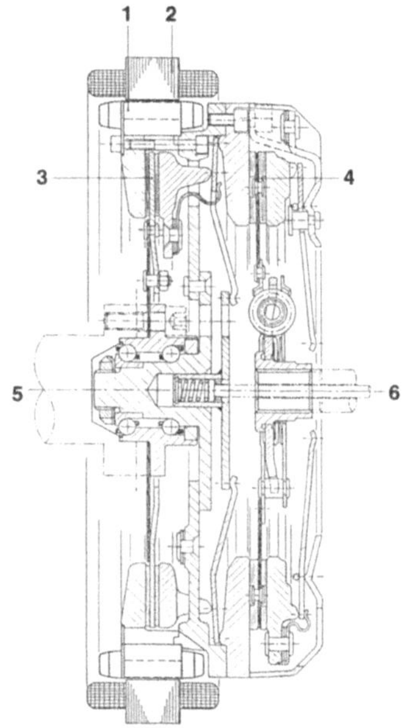

Bild 112: Blockschaltbild für Motor- und Generatorbetrieb mit Asychronmaschine.

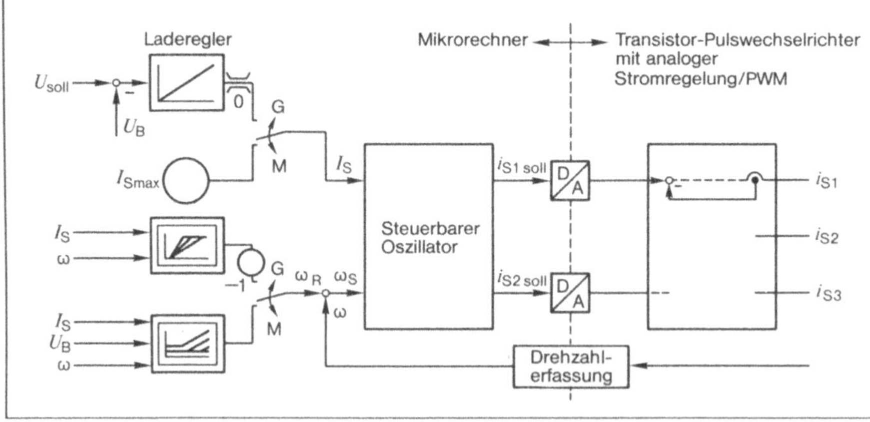

Bild 113: Generatorkennlinie eines Schwungrad-Starter-Generators.

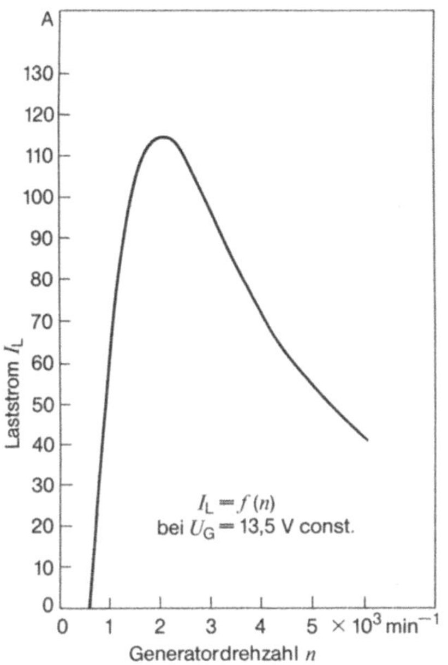

stellt somit in Verbindung mit einer Rotorfrequenz-Kennlinie das jeweils maximal erreichbare Drehmoment zur Beschleunigung des Schwungrades ein. Die Ständerfrequenz ergibt sich als Summe aus gemessener Drehzahl und der per Kennlinie vorgegebenen Läuferfrequenz; ein nachfolgender steuerbarer Oszillator (Ausgangstransformation) errechnet schließlich die beiden um 120° phasenverschobenen Stromsollwerte.
Für die Generatorregelung dient die Stellgröße des Ladereglers als Stromsollwert, die zugehörige jetzt "negative" Läuferfrequenz wird ebenfalls aus einer drehzahl- und stromabhängigen Kennlinienschar bestimmt. Die Bestimmung der beiden Ständersollwerte erfolgt analog zum motorischen Betrieb. Die Generatorkennlinie einer Asynchron-Schwungradmaschine ist im Bild dargestellt (Bild 113).

Antrieb mit Synchronmaschine

Zum Einsatz kommt ein hochpoliger Synchronmotor mit Permanenterregung durch Ferritmagnete (Bild 115).

Bild 114: Transistor-Pulswechselrichter für die Asynchronmaschine eines Schwungrad-Starter-Generators.

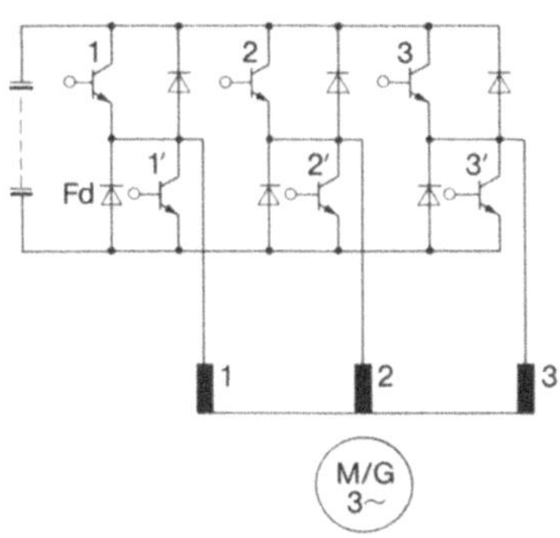

Bild 115: Ständer und Läufer eines Schwungrad-Starter-Generators mit permanentmagneterregter Synchronmaschine.

Die für den Starterbetrieb erforderliche Leistungselektronik kann im Gegensatz zur Asynchronmaschine einfacher ausgeführt werden (Bild 116). Bei einer zweisträngigen Maschine mit jeweils halbierten, magnetisch eng gekoppelten Teilwicklungen werden vier auf gleichem Steuerpotential arbeitende Leistungshalbleiter (mit Inversdiode) benötigt.

Bei Verwendung der eingezeichneten mechanischen Leistungsschalter kann unter Mitbenutzung der motorisch benötigten Halbleiter zudem der Generatorbetrieb einfach realisiert werden, jedoch ist wegen der für die Halbleiter unzulässig hohen Leerlaufspannung des Generators nur das Prinzip der Querregelung, also des Generatorkurzschlusses, realisierbar.

Die Regelung der Synchronmaschine kann mit relativ geringem Hardware-Aufwand erfolgen. Für den motorischen Betrieb ist zunächst ein läuferstellungsabhängiges Lagesignal zur Zuordnung des Ständerstroms auf die vier möglichen Wicklungszweige erforderlich (elektronisch kommutierter Gleichstrommotor), jedoch ist prinzipiell auch ein lagegeberloser Betrieb unter Verwendung der in den jeweils nicht benutzten Wicklungen induzierten Spannung möglich.

Im Gegensatz zur Asynchronmaschine ist mit diesem Verfahren die maximale Aufziehdrehzahl durch die Batteriespannung begrenzt, da ein Feldschwächbetrieb nicht möglich ist, es sei denn, man wendet eine gesteuerte Polradwinkelvergrößerung an. Durch die Wicklungsumschaltung Starter/Generator über Leistungsrelais wird sichergestellt, daß bei einer Einschalt-Drehzahl des Generators von ca. 500 min^{-1} auch maximale Aufziehdrehzahlen von ca. 1000 min^{-1} erreichbar sind. Die Laderegelung (Generator) erfolgt geberlos, die Stellgröße des Ladereglers wirkt mittels einer Pulsweitenmodulation auf alle Schalttransistoren zugleich, so daß der Generator bei leitenden Transistoren auf deren Flußspannung, bei sperrenden Transistoren auf Batteriespannung gehalten wird.

Bild 116: Leistungselektronik eines Schwungrad-Starter-Generators (m = 2) mit permanenterregter Synchronmaschine.

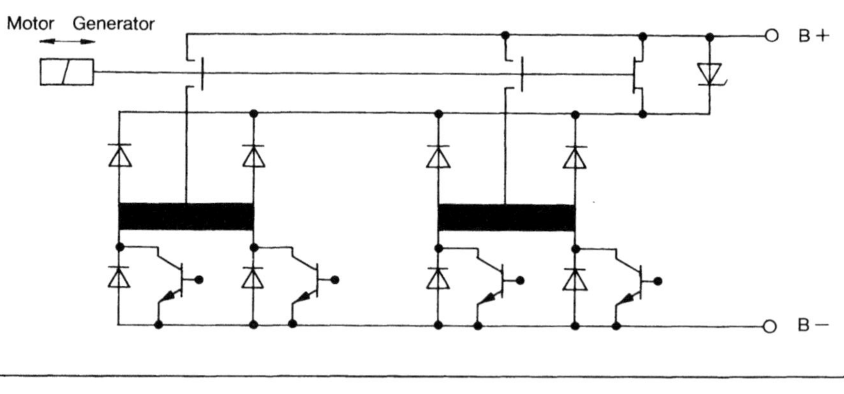

Bei Verwendung eines hinreichend großen Stützkondensators und einer Schaltfrequenz von 1...2 kHz ist der batterielose Betrieb beherrschbar.

Bewertung

Der Asynchronantrieb wird in einem weiten Feldschwächbereich (ca. 1:5) betrieben, was durch eine entsprechende Wahl der Läuferfrequenz zur richtigen Aufteilung des Ständerstroms in drehmoment- und erregungsbildende Komponente geschieht. Bei der aus Aufwandsgründen realisierten Kennlinien-Steuerung können Parameteränderungen nur unvollständig berücksichtigt werden (Batteriespannung, Temperatur), zudem ist eine genaue Drehzahlerfassung nötig. Da eine möglichst gute Ausnutzung des Antriebes und nicht eine hohe Drehzahldynamik im Vordergrund steht, ist der Einsatz einer feldorientierten Regelung nicht sinnvoll. Als Leistungsteil wird ein Transistor-Pulswechselrichter verwendet.

Dem komplexen Regelschema der Asynchronmaschine steht ein einfacheres Verfahren bei der permanentmagneterregten Synchronmaschine gegenüber. Für einen schnellen motorischen Anlauf wird ein Polradlagegeber benötigt. Auch die Leistungselektronik fällt einfacher aus; wegen der stark unterschiedlichen Spannungsanforderungen bei Motor- bzw. Generatorbetrieb sind jedoch Maßnahmen zur Wicklungsumschaltung (-Halbierung) erforderlich. Dem Vorteil der sozusagen "gratis" installierten Erregung der Synchronmaschine – beim Asynchronmaschinen-Antrieb muß die Erregung über die Ständerströme mit eingespeist werden, ist aber auch beeinflußbar – steht im generatorischen Betrieb entgegen, daß bei nicht benötigter Ladeleistung bei den heute verfügbaren Hochstrom-Leistungstransistoren nur eine Querregelung (Generator-Kurzschluß) realisiert werden kann. Ferner muß ein entsprechender Aufwand für den Überspannungsschutz bei batterielosem Betrieb getrieben werden.

Ein Vergleich exemplarisch realisierter Systeme mit Asynchron- und Synchronmaschine wurde mit folgendem Ergebnis durchgeführt.

Beide Antriebskonzepte haben folgende Vorteile:

- Geräuschloser, aber verzögerter Start,
- geräuscharmer Generator,
- bürstenlose Technik,
- kein Anbau an den Verbrennungsmotor (Schütteln, Korrosion, Platzbedarf, Keilriemen, Ritzel mit Zahnkranz),
- batterieschonender Kaltstart,
- Start/Stop und Schwungnutzfunktion möglich.

Demgegenüber stehen folgende Nachteile, die einen nahen Serieneinsatz nicht zulassen:

- Sehr hoher Aufwand für Leistungselektronik, Regelung und 2. Kupplung,
- Einsatz in Automatikfahrzeugen konstruktionsbedingt fragwürdig.

Aber die Entwicklung geht weiter. Der Aufwand in der Leistungselektronik kann durch höhere Bordnetzspannung erheblich reduziert werden. Es sind Segmentausführungen der elektrischen Maschinen möglich. Mit zunehmender Integrationsdichte der elektronischen Schaltungen wird auch der Regelungsaufwand geringer. Eventuell lassen sich auch einfachere mechanische Lösungen im Antriebsstrang finden.

Zusammenfassung

Das Zusammenwirken von Starter, Generator und Batterie ist von entscheidender Bedeutung, wenn es um die Auslegung der elektrischen Anlage im Kraftfahrzeug geht.
Mittels Ladebilanz- und Kaltstartberechnungen lassen sich Funktion, Gewicht und Wirkungsgrad von Starter, Generator und Batterie optimieren. Die Beachtung von Auslegungskriterien, der Einsatz neuer Werkstoffe und die Anwendung neuer Fertigungsverfahren führen zu verbesserten Lösungen der einzelnen Komponenten. Vorgelegestarter und Permanenterregung, leistungsgesteigerte Topf- und Kompaktgeneratoren mit Spannungsreglern mit Temperaturfühlern an der Batterie und wartungsfreie Kaltstarthochleistungsbatterien ermöglichen bei Fahrzeugen mit Otto- und Dieselmotoren erhebliche Gewichtseinsparungen der elektrischen Anlage bei gleichzeitig ausgeglichener Ladebilanz und ausreichender Kaltstartgrenztemperatur. Eine optimierte elektrische Anlage im Kraftfahrzeug trägt zu kleineren Lade- und Entladeströmen der Batterie, zu einem höheren und engeren Spannungsniveau im Bordnetz bei und verbessert damit die Betriebssicherheit.
Starter, Generator und Batterie sind Großserienerzeugnisse, die im Kraftfahrzeug im täglichen Gebrauch mit hoher Zuverlässigkeit ihre Aufgabe erfüllen, obwohl sie durch Hitze, Korrosion und mechanische Schwingungen höchsten Beanspruchungen ausgesetzt sind.

Bild 117: Technisches Zentrum Autoelektrik, Schwieberdingen.

Formelzeichenerläuterung

a	Zahl der parallelen Ankerzweige
A	Strombelag (Ständer)
A_F	Strombelag (Feldwicklung)
A_L	Luftspaltfläche
A_M	Magnetfläche
A_{max}	Strombelag (Maximalwert)
b_P	Polbreite
b_B	Bürstenbreite
b_W	Breite der Wendezone
B	Induktion
B_{jS}	Induktion im Ständerjoch
B_{jA}	Induktion im Ankerjoch
B_L	Luftspaltinduktion
$B_L(\beta,t)$	Läuferdrehfeld
B_{max}	Maximalinduktion
B_{PK}	Induktion an den Polkanten
B_R	Remanenzinduktion
B_{Reff}	Effektive Remanenzinduktion
$B_S(\beta,t)$	Ständerdrehfeld
$B_{(2g-1)}$, $B_{(6g+1)}$	Drehfeldoberwellen
B_Z	Zahninduktion
c	Konstante
c_d	Längsfeldfaktor (Grundwelle)
c_q	Querfeldfaktor (Grundwelle)
C_R	Restkapazität
C_H	Hysteresefaktor
C_W	Wirbelstromfaktor
d	Dicke
D	Durchmesser
D_m	mittlerer Durchmesser
D_K	Kerndurchmesser
f	Frequenz
f_A	Ankerfrequenz
f_1	Ständerfrequenz
$f_{(2g-1)}$, $f_{(6g+1)}$	Frequenz der Oberschwingungen
g	ganze Zahl
h_{jS}	Ständerjochhöhe
h_{jA}	Ankerjochhöhe
h_M	Magnethöhe
h_W	Wicklungshöhe
H	Feldstärke, Häufigkeit
H_G	Grenzfeldstärke
H_{Geff}	effektive Grenzfeldstärke
ΔH_M	Entmagnetisierungsfeldstärke
i	Übersetzung
i	Strom (Augenblickswert)
i_u	Strangstrom
I	Gleichstrom, Effektivwert des Stromes
I_A	Ankerstrom
I_B	Batteriestrom
I_d	Strom in Längsachse
I_q	Strom in Querachse
I_F	Erregerstrom
I'_F	Erregerstrom auf Ständer bezogen
I_G	Generatorstrom
I_K	Kurzschlußstrom
I_{KP}	Kälteprüfstrom
I_L	Laststrom
I_{max}	Maximalstrom
I_N	Nennstrom
I_o	Leerlaufstrom
I_{Ph}	Phasenstrom
I_S, I_1	Ständerstrom
I_T	Strom im Tangentenpunkt
$I_=$	Strom-Gleichrichtwert
I_V	Verbraucherstrom

j	imaginäre Zahl
k	Faktor, Verhältnis Maximal-/Minimalluftspalt
k_{Cu}	Kupferfüllfaktor
k_{B}	Feldfaktor (Erregerfeld)
K_1	Spannungskonstante
l	Länge
l_A	Ankerlänge
l_{Fe}	Eisenlänge
l_i	ideelle Länge
l_{jS}	Ständerjochlänge
l_{jA}	Ankerjochlänge
l_K	Kernlänge
l_m	mittlere Länge
l_M	Magnetlänge
L_{Sp}	Spuleninduktivität
m	Drehmoment (Augenblickswert)
m_1	Phasenzahl Ständerwicklung
M	Drehmoment, Durchdrehwiderstand
M_K	Drehmoment bei Kurzschluß
M_M	Mittlerer Durchdrehwiderstand
M_{Mot}	Motor(durchdreh)widerstand
M_N	Nennmoment
M_R	Reibmoment
n	Drehzahl
n_1	Synchrondrehzahl
n_{erf}	erforderliche Drehzahl
n_G	Generatordrehzahl
n_L	Leerlaufdrehzahl
n_{Mot}	Motordrehzahl
n_{max}	Maximaldrehzahl
$n_{Starter}$	Starterdrehzahl
n_N	Nenndrehzahl
n_0	Leerlaufdrehzahl, Einschaltdrehzahl
n_T	Drehzahl im Tangentenpunkt
O	Oberfläche
p	Polpaarzahl, Ladezustand
p_e	Batterie-Entladezustand
P	Leistung
P_{max}	Maximalleistung
P_{mech}	mechanische Leistung
P_m	mittlere Verbraucherleistung
P_N	Nennleistung
P_1	aufgenommene Leistung
P_2	abgegebene Leistung
ΔP	Leistungsabweichung
P_{Tag}	Leistung bei Tagfahrt
P_{Nacht}	Leistung bei Nachtfahrt
q_L	Leiterquerschnitt
R	Widerstand
R_A	Ankerwiderstand
R_B	Batteriewiderstand
R_F	Feldwiderstand
R_i	Innenwiderstand
R_L	Zuleitungswiderstand
R_V	Verbraucherwiderstand
R_1	Ständerwiderstand
S	Stromdichte
S_F	Stromdichte (Feldwicklung)
S_T	Stromdichte im Tangentenpunkt
t	Zeit
T_K	Kommutierungszeit
T_U	Umgebungstemperatur
u	Spannung (Augenblickswert)
U_u, U_v, U_w	Strangspannungen
u_i	induzierte Spannung
u_{iu}, u_{iv}, u_{iw}	induzierte Strangspannungen

$u_{i(2g-1)}$, $u_{i(6g+1)}$ Oberschwingung der induzierten Spannungen
U Gleichspannung, Effektivwert der Spannung
U_B Batteriespannung
U_F Erregerspannung, Flußspannung
U_G Generatorspannung
U_i induzierte Spannung
U_{i1} Grundschwingung der induzierten Spannung
U_N Nennspannung
U_P Polradspannung
U_{Ph} Phasenspannung
U_S Stromwendespannung
U_{Verb} Verbraucherspannung
U_Z Zenerspannung
$U_=$ Spannungsgleichrichtwert
ΔU Spannungsabfall
$\Delta U_{Bü}$ Bürstenspannungsabfall
v Geschwindigkeit, Verhältnis Magnet-/Luftspaltfläche
v_A Ankergeschwindigkeit
v_K Kommutatorgeschwindigkeit
v_1 Drehgeschwindigkeit (Grundwelle)
$v_{(2g-1)}$, $v_{(6g+1)}$ Drehgeschwindigkeit (Oberwellen)
V Verluste
Vol_{Mot} Motorvolumen
V_F Erregerverluste
V_h Motorhubraum
V_H Hystereseverluste
V_S Ständerverluste, magnetischer Spannungsabfall in Ständer und Luftspalt
V_W Wirbelstromverluste
V_2 magnetischer Spannungsabfall am Polkern
V_{CuFeld} Feldkupferverluste
$V_{CuStänd}$ Ständerkupferverluste
V_{Dioden} Verluste in den Dioden
V_{Fe} Eisenverluste
V_{mech} mechanische Verluste
V_R Reibungsverluste
V_{Zus} Zusatzverluste
w_F Windungszahl (Erregerwicklung)
w_S, w_1 Windungszahl (Ständerwicklung)
X_d Längsreaktanz
X_{do} Längsreaktanz bei Leerlaufdrehzahl
X_h Hauptreaktanz
X_{hd} Hauptreaktanz der Längsachse
X_{hq} Hauptreaktanz der Querachse
X_q Querreaktanz
X_{qo} Querreaktanz bei Leerlaufdrehzahl
$X_{1\sigma}$ Streureaktanz der Ständerwicklung
α mechanischer Winkel
α_i Polbedeckungsverhältnis
β elektrischer Winkel
δ mechanischer Luftspalt
δ_{min} Minimal-Luftspalt
δ_{max} Maximal-Luftspalt
δ'' magnetisch wirksamer Luftspalt
ε Kehrwert der Scherung der Arbeitsgeraden
η Wirkungsgrad
η_A Ausbeutefaktor

ϑ	Temperatur
Θ	Durchflutung
Θ_μ	Magnetisierungsdurchflutung
Θ_1	Ständerdurchflutung
Θ_g	Gegendurchflutung
Θ_F	Erregerdurchflutung
$\Theta_L(\beta,t)$	Läuferdrehdurchflutung
$\Theta_S(\beta,t)$	Ständerdrehdurchflutung
μ_o	absolute Permeabilitätskonstante
μ_R	reversible Permeabilität
ξ_1	Wicklungsfaktor der Grundwelle
$\xi_{(2g-1)}$ $\xi_{(6g+1)}$ $\xi_{3\cdot(2g-1)}$	Wicklungsfaktor der Oberwellen
ϱ	spezifischer Widerstand
σ_M	Magnetstreuung
σ_1	Ständerstreuung
σ_j	Jochstreuung
τ_p	Polteilung
φ	Drehwinkel
Φ	Fluß
Φ_L	Luftspaltfluß
Φ_σ	Streufluß
Φ_p	Polkernfluß
ψ	Lastwinkel
ω	Kreisfrequenz
ω_1	Kreisfrequenz der Grundwelle
ω_O	Kreisfrequenz bei Leerlauf
ω_R	Kreisfrequenz (Rotor)
ω_S	Kreisfrequenz (Stator)

Indizes:

E	Elektrische Erregung
P	Permanenterregung
SP	Schenkelpol
KP	Klauenpol

GPSR Compliance

The European Union's (EU) General Product Safety Regulation (GPSR) is a set of rules that requires consumer products to be safe and our obligations to ensure this.

If you have any concerns about our products, you can contact us on ProductSafety@springernature.com

In case Publisher is established outside the EU, the EU authorized representative is:

Springer Nature Customer Service Center GmbH
Europaplatz 3
69115 Heidelberg, Germany

Batch number: 10577919

Printed by Printforce, the Netherlands